水利水电工程施工技术全书

第三卷　混凝土工程

第二册

混凝土原材料及配合比

王鹏禹　缪昌文　等 编著

中国水利水电出版社
www.waterpub.com.cn

内 容 提 要

本书是《水利水电工程施工技术全书》第三卷《混凝土工程》中的第二分册。本书系统阐述了水利水电混凝土原材料及配合比的施工技术和方法。主要内容包括：综述、混凝土原材料、混凝土配合比设计、碾压混凝土配合比设计、特种混凝土配合比设计等。

本书可作为水利水电工程施工领域的工程技术人员、工程管理人员和高级技术工人的工具书，也可供从事水利水电工程科研、设计、建设及运行管理和相关企事业单位的工程技术人员、工程管理人员使用，并可作为大专院校水利水电工程及机电专业师生教学参考书。

图书在版编目（ＣＩＰ）数据

混凝土原材料及配合比 / 王鹏禹等编著. -- 北京：中国水利水电出版社，2016.4(2017.6重印)
（水利水电工程施工技术全书. 第三卷. 混凝土工程；2)
ISBN 978-7-5170-4236-5

Ⅰ. ①混… Ⅱ. ①王… Ⅲ. ①混凝土－原材料②混凝土－配合比设计 Ⅳ. ①TU528

中国版本图书馆CIP数据核字(2016)第077966号

书　名	水利水电工程施工技术全书 **第三卷　混凝土工程** **第二册　混凝土原材料及配合比**	
作　者	王鹏禹　缪昌文　等 编著	
出版发行	中国水利水电出版社 （北京市海淀区玉渊潭南路１号Ｄ座　100038） 网址：www.waterpub.com.cn E-mail：sales@waterpub.com.cn 电话：(010) 68367658（营销中心）	
经　售	北京科水图书销售中心（零售） 电话：(010) 88383994、63202643、68545874 全国各地新华书店和相关出版物销售网点	
排　版	中国水利水电出版社微机排版中心	
印　刷	北京纪元彩艺印刷有限公司	
规　格	184mm×260mm　16 开本　8 印张　190 千字	
版　次	2016 年 4 月第 1 版　2017 年 6 月第 2 次印刷	
印　数	2001—4000 册	
定　价	**33.00 元**	

《水利水电工程施工技术全书》
编审委员会

《水利水电工程施工技术全书》
各卷主（组）编单位和主编（审）人员

卷序	卷名	组编单位	主编单位	主编人	主审人
第一卷	地基与基础工程	中国电力建设集团（股份）有限公司	中国电力建设集团（股份）有限公司 中国水电基础局有限公司 葛洲坝基础公司	宗敦峰 肖恩尚 焦家训	谭靖夷 夏可风
第二卷	土石方工程	中国人民武装警察部队水电指挥部	中国人民武装警察部队水电指挥部 中国水利水电第十四工程局有限公司 中国水利水电第五工程局有限公司	梅锦煜 和孙文 吴高见	马洪琪 梅锦煜
第三卷	混凝土工程	中国电力建设集团（股份）有限公司	中国水利水电第四工程局有限公司 中国葛洲坝集团有限公司 中国水利水电第八工程局有限公司	席　浩 戴志清 涂怀健	张超然 周厚贵
第四卷	金属结构制作与机电安装工程	中国能源建设集团（股份）有限公司	中国葛洲坝集团有限公司 中国电力建设集团（股份）有限公司 中国葛洲坝建设有限公司	江小兵 付元初 张　晔	付元初
第五卷	施工导（截）流与度汛工程	中国能源建设集团（股份）有限公司	中国能源建设集团（股份）有限公司 中国葛洲坝集团有限公司 中国水利水电第八工程局有限公司	周厚贵 郭光文 涂怀健	郑守仁

《水利水电工程施工技术全书》
第三卷《混凝土工程》编委会

《水利水电工程施工技术全书》
第三卷《混凝土工程》
第二册《混凝土原材料及配合比》
编写人员名单

主　　编：王鹏禹　缪昌文

审　　稿：谢凯军

编写人员：王鹏禹　刘加平　李灼然　陈文耀

　　　　　李来芳　赵精让

序　一

　　水利水电工程建设在我国作为一项基础建设事业，已经走过了近百年的历程，这是一条不平凡而又伟大的创业之路。

　　新中国成立66年来，党和国家领导一直高度重视水利水电工程建设，水电在我国已经成为了一种不可替代的清洁能源。我国已经成为世界上水电装机容量第一位的大国，水利水电工程建设不论是规模还是技术水平，都处于国防领先或先进水平，这是几代水利水电工程建设者长期艰苦奋斗所创造出来的。

　　改革开放以来，特别是进入21世纪以后，我国的水利水电工程建设又进入了一个前所未有的高速发展时期。到2014年，我国水电总装机容量突破3亿kW，占全国电力装机容量的23%。发电量也历史性地突破31万亿kW·h。水电作为我国当前重要的可再生能源，为我国能源电力结构调整、温室气体减排和气候环境改善做出了重大贡献。

　　我国水利水电工程建设在新技术、新工艺、新材料、新设备等方面都取得了突破性的进展，无论是技术、工艺，还是在材料、设备等方面，都取得了令人瞩目的成就，它不仅推动了技术创新市场的活跃和发展，也推动了水利水电工程建设的前进步伐。

　　为了对当今水利水电工程施工技术进展进行科学的总结，及时形成我国水利水电工程施工技术的自主知识产权和满足水利水电建设事业的工作需要，全国水利水电施工技术信息网组织编撰了《水利水电工程施工技术全书》。该全书编撰历时5年，在编撰过程中组织了一大批长期工作在工程建设一线的中青年技术负责人和技术骨干执笔，并得到了有关领导、知名专家的悉心指导和审定，遵循"简明、实用、求新"的编撰原则，立足于满足广大水利水电工程技术人员的实际工作需要，并注重参考和指导价值。该全书内容涵盖了水利水电工程建设地基与基础工程、土石方工程、混凝土工程、金属结构制作与机电安装工程、施工导（截）流与度汛工程等内容的目标任务、原理方法及工程实例，既有理论阐述，又有实例介绍，重点突出，图文并茂，针对性及可操作性强，对今后的水利水电工程建设施工具有重要指导作用。

《水利水电工程施工技术全书》是对水利水电施工技术实践的总结和理论提炼，是一套具有权威性、实用性的大型工具书，为水利水电工程施工"四新"技术成果的推广、应用、继承、创新提供了一个有效载体。为大力推动水利水电技术进步和创新，推进中国水利水电事业又好又快地发展，具有十分重要的现实意义和深远的科技意义。

水利水电工程是人类文明进步的共同成果，是现代社会发展对保障水资源供给和可再生能源供应的基本需求，水利水电工程施工技术在近代水利水电工程建设中起到了重要的推动作用。人类应对全球气候变化的共识之一是低碳减排，尽可能多地利用绿色能源就成为重要选择，太阳能、风能及水能等成为首选，其中水能蕴藏丰富、可再生性、技术成熟、调度灵活等特点成为最优的绿色能源。随着水利水电工程建设与管理技术的不断发展，水利水电工程，特别是一些高坝大库能有效利用自然条件、降低开发运行成本、提高水库综合效能，高坝大库的（高度、库容）记录不断被刷新。特别是随着三峡、拉西瓦、小湾、溪洛渡、锦屏、向家坝等一批大型、特大型水利水电工程相继建成并投入运行，标志着我国水利水电工程技术已跨入世界领先行列。

近年来，我国水利水电工程施工企业积极实施走出去战略，海外市场开拓业绩突出。目前，我国水利水电工程施工企业在亚洲、非洲、南美洲多个国家承建了上百个水利水电工程项目，如尼罗河上的苏丹麦洛维水电站、号称"东南亚三峡工程"的马来西亚巴贡水电站、巨型碾压混凝土坝泰国科隆泰丹水利工程、位居非洲第一水利枢纽工程的埃塞俄比亚泰克泽水电站等，"中国水电"的品牌价值已被全球业内所认可。

《水利水电工程施工技术全书》对我国水利水电施工技术进行了全面阐述。特别是在众多国内外大型水利水电工程成功建设后，我国水利水电工程施工人员创造出一大批新技术、新工法、新经验，对这些内容及时总结并公开出版，与全体水利水电工作者分享，这不仅能促进我国水利水电行业的快速发展，提高水利水电工程施工质量，保障施工安全，规范水利水电施工行业发展，而且有助于我国水利水电行业走进更多国际市场，展示我国水利水电行业的国际形象和实力，提高我国水利水电行业在国际上的影响力。

该全书的出版不仅能提高水利水电工程施工的技术水平，而且有助于提高我国水利水电行业在国内、国际上的影响力，我在此向广大水利水电工程建设者、工程技术人员、勘测设计人员和在校的水利水电专业师生推荐此书。

孙洪水

2015 年 4 月 8 日

序 二

  《水利水电工程施工技术全书》作为我国水利水电工程技术综合性大型工具书之一,与广大读者见面了!

  这是一套非常好的工具书,它也是在《水利水电工程施工手册》基础上的传承、修订和创新。集中介绍了进入21世纪以来我国在水利水电施工领域从施工地基与基础工程、土石方工程、混凝土工程、金属结构制作与机电安装工程、施工导(截)流与度汛工程等方面采用的各类创新技术,如信息化技术的运用:在施工过程模拟仿真技术、混凝土温控防裂技术与工艺智能化等关键技术,应用了数字信息技术、施工仿真技术和云计算技术,实现工程施工全过程实时监控,使现代信息技术与传统筑坝施工技术相结合,提高了混凝土施工质量,简化了施工工艺,降低了施工成本,达到了混凝土坝快速施工的目的;再如碾压混凝土技术在国内大规模运用:节省了水泥,降低了能耗,简化了施工工艺,降低了工程造价和成本;还有,在科研、勘察设计和施工一体化方面,数字化设计研究面向设计施工一体化的三维施工总布置、水工结构、钢筋配置、金属结构设计技术,推广复杂结构三维技施设计技术和前期项目三维枢纽设计技术,形成建筑工程信息模型的协同设计能力,推进建筑工程三维数字化设计移交标准工程化应用,也有了长足的进步。因此,在当前形势下,编撰出一部新的水利水电施工技术大型工具书非常必要和及时。

  随着水利水电工程施工技术的不断推进,必然会给水利水电施工带来新的发展机遇。同时,也会出现更多值得研究的新课题,相信这些都将对水利水电工程建设事业起到积极的促进作用。该全书是当今反映水利水电工程施工技术最全、最新的系列图书,体现了当前水利水电最先进的施工技术,其中多项工程实例都是曾经创造了水利水电工程的世界纪录。该全书总结的施工技术具有先进性、前瞻性，可读性强。该全书的编者们都是参加过我国大型水利水电工程的建设者，有着非常丰富的各专业施工经验。他们以高度的社会责任感和使命感、饱满的工作热情和扎实的工作作风，大力发展和创新水电科学技术，为推进我国水利水电事业又好又快地发展，做出了新的贡献！

近年来，我国水利水电工程建设快速发展，各类施工技术日臻成熟，相继建成了三峡、龙滩、水布垭等具有代表性的水电工程，又有拉西瓦、小湾、溪洛渡、锦屏、糯扎渡、向家坝等一批大型、特大型水电工程，在施工过程中总结和积累了大量新的施工技术，尤其在混凝土温控防裂的施工方法在三峡水利枢纽工程的成功应用，高寒地区高拱坝冬季施工综合技术在拉西瓦等多座水电站工程中的应用……，其中的多项施工技术获得过国家发明专利，达到了国际领先水平，为今后水利水电工程施工提供了参考与借鉴。

目前，我国水利水电工程施工技术已经走在了世界的前列，该全书的出版，是对我国水利水电工程建设领域的一大贡献，为后续在水利水电开发，例如金沙江上游、长江上游、通天河、黄河上游的水电开发、南水北调西线工程等建设提供借鉴。该全书可作为工具书，为广大工程建设者们提供一个完整的水利水电工程施工理论体系及工程实例，对今后水利水电工程建设具有指导、传承和促进发展的显著作用。

《水利水电工程施工技术全书》的编撰、出版是一项浩繁辛苦的工作，也是一项具有创造性的劳动过程，凝聚了几百位编、审人员近5年的辛勤劳动，克服各种困难。值此该全书出版之际，谨向所有为该全书的编撰给予关心、支持以及为此付出了辛勤劳动的领导、专家和同志们表示衷心的感谢！

2015 年 4 月 18 日

前　言

由全国水利水电施工技术信息网组织编写的《水利水电工程施工技术全书》第三卷《混凝土工程》共分为十二册，《混凝土原材料及配合比》为第二册，由中国水利水电第三工程局有限公司编撰。

组成混凝土的主要材料胶凝材料、砂石骨料、水和外加剂中，用水量和胶凝材料用量的比例即水胶比是影响混凝土性能的主要因素，对于水工混凝土来说，强度等级只是一项指标，为满足水利水电工程不同部位，对混凝土的耐久性能、变形性能、抗冲磨性能、抗侵蚀性能和热学性能等的要求，需要根据设计提出的不同要求进行混凝土配合比设计。同时，还必须考虑建筑物结构尺寸、混凝土浇筑方式、使用的机械设备等要求确定混凝土配合比。

混凝土配合比设计是一项涉及很多因素的工作，一是要保证混凝土硬化后的结构强度和所要求的其他性能；二是要满足施工工艺易于操作而又不遗留隐患；三是在符合上述两项要求下选用合适的材料和计算各种材料的用量；四是对初步设计结果进行试配、调整使之达到工程的要求；五是要在满足上述要求的同时降低成本。

在进行混凝土配合比设计时，一般应按混凝土配合比设计的基本原则进行，即"最小单位用水量、最佳骨料级配、最佳砂率、最大石子粒径"。但有时也应根据具体情况做适当调整，如考虑到料源平衡和较少弃料及碾压混凝土减少骨料分离，采用的骨料级配不一定是最佳骨料级配，可能需要适当调整；对于碾压混凝土来说，为提高可碾性、减少骨料分离，一般在最佳砂率的基础上适当增加2%～4%。同时，对于碾压混凝土来说，本身用水量较低，考虑到耐久性要求和夏季温控加冰的需要，有时不一定采用最小单位用水量；有时受入仓手段和浇筑方式的影响，不能采用最大骨料粒径。

本册原材料部分水泥章节除介绍了水工混凝土常用的中、低热水泥、普通硅酸盐水泥外，对水电工程可能用到的抗硫酸盐水泥、道路水泥等也进行了简单介绍。掺合料章节除介绍了水工混凝土常用的粉煤灰、硅粉、矿渣外，对目前已用于工程的岩粉、复合掺合料也进行了简单的介绍。对于目前用于混凝土的各种纤维进行了详细介绍。配合比章节对水工混凝土常用的各种混凝土配合比设计进行了介绍，对于水电工程使用的喷射混凝土、预应力混凝土、挤压混凝土等方面，在《水利水电工程施工技术全书》的其他章节有介绍，本册不再重复。

　　限于作者水平有限，书中难免有不妥之处，恳请读者批评指正。

作　者

2015 年 8 月 28 日

目 录

1 综　述

混凝土广义意义泛指将一种具有胶结性质的材料和砂石（统称骨料或集料）以及粉细颗粒（填料）混合并成型后，经凝固硬化而黏结成为具有一定强度的实体。主要成分为胶凝材料和骨料。

混凝土是当今世界上用量最大的建筑材料，广泛应用于建筑、交通、水利等工程建设中，是工程结构的重要组成部分，其质量直接影响到整个工程的质量和使用寿命，而混凝土原材料的好坏和选配是否恰当也直接影响着混凝土工程的质量。因此，确保混凝土结构质量的一个重要的因素是要从混凝土原材料的质量控制做起。原材料选用不当将导致混凝土工程产生质量缺陷或裂缝，从而影响整个工程结构的质量。如对于水工大体积混凝土，应优先考虑选用中、低热水泥，并掺入优质粉煤灰和使用高效减水剂以减小混凝土水化温升，减少产生温度裂缝的可能；对于抗冻要求高的混凝土，必须掺入优质引气剂以提高混凝土的耐久性；对于有硫酸盐侵蚀的地区，应使用抗硫酸盐水泥，并掺入抗硫酸盐侵蚀剂以提高混凝土抗硫酸盐侵蚀性；对于抗冲耐磨混凝土，由于胶凝材料用量大，应尽量选用减水率高的新型高效减水剂并在合理的范围内提高掺量以减少胶凝材料用量，并掺入抗冲磨剂和减缩剂等材料提高混凝土的抗冲磨性能和变形性能。

有了好的原材料，还必须根据设计和施工要求经济合理地确定各组成材料的用料，即对混凝土配合比进行设计。组成混凝土的材料主要有胶凝材料、砂石骨料、水和外加剂，其中，用水量和胶凝材料用量的比例（水胶比）是影响混凝土性能的主要因素，对于水工混凝土来说，强度等级只是一项指标，为满足水利水电工程不同部位对混凝土的耐久性能、变形性能、抗冲磨性能、抗侵蚀性能和热学性能等的要求，需要根据设计提出的不同要求进行混凝土配合比设计，同时，还必须考虑建筑物结构尺寸、混凝土浇筑方式、使用的机械设备等要求确定混凝土配合比。

在进行混凝土配合比设计时，一般应按混凝土配合比设计的基本原则进行，即"最小单位用水量、最佳骨料级配、最佳砂率、最大石子粒径"。但有时也应根据具体情况做适当调整，如考虑到料源平衡和较少弃料及碾压混凝土减少骨料分离，采用的骨料级配不一定是最佳骨料级配，可能需要适当调整；对于碾压混凝土来说，为提高可碾性、减少骨料分离，一般在最佳砂率的基础上适当增加 2%～4%；对于碾压混凝土来说，本身用水量较低，考虑到耐久性要求和夏季温控加冰的需要，有时不一定采用最小单位用水量；有时受入仓手段和浇筑方式的影响，不能采用最大骨料粒径。

混凝土配合比不但要满足设计要求，还必须有良好的施工性能，例如混凝土泌水率大或骨料分离严重，必然影响到混凝土结构的质量；混凝土坍落度损失大，必然影响到混凝土的入仓和振捣，从而影响混凝土的质量。因此，好的配合比必须在满足设计要求的同时，要有良好的施工性能，并且要经济合理。

2 混凝土原材料

2.1 水泥

水泥是加水拌和成塑性浆体，能胶结砂、石等适当材料并能在空气和水中硬化的粉状水硬性胶凝材料。

水泥按其用途及性能可分为三类：

（1）通用水泥：通用硅酸盐水泥，用于一般土木建筑工程的水泥。如硅酸盐水泥、普通硅酸盐水泥、矿渣硅酸盐水泥、火山灰质硅酸盐水泥、粉煤灰硅酸盐水泥和复合硅酸盐水泥等。

（2）专用水泥：专门用途的水泥。如砌筑水泥、油井水泥等。

（3）特性水泥：某种性能比较突出的水泥。如快硬硅酸盐水泥、中热硅酸盐水泥、低热硅酸盐水泥、低热矿渣硅酸盐水泥、低热微膨胀水泥和膨胀硫铝酸盐水泥等。

专用水泥和特性水泥统称为特种水泥。

由于水泥熟料矿物组成不同或混合材料种类和掺量不同，使得水泥具有不同的特性。硅酸盐水泥熟料主要矿物成分、含量和特性见表2-1。

表2-1　　　　　硅酸盐水泥熟料主要矿物成分、含量和特性表

矿物名称		硅酸三钙	硅酸二钙	铝酸三钙	铁铝酸四钙
化学式		$3CaO \cdot SiO_2$	$2CaO \cdot SiO_2$	$3CaO \cdot Al_2O_3$	$4CaO \cdot Al_2O_3 \cdot Fe_2O_3$
简写		C_3S	C_2S	C_3A	C_4AF
含量/%		37～60	15～37	7～15	10～18
主要特性	水化速度	快	慢	最快	快
	水化热	中	小	大	中
	强度	高	早期低，后期高	低	较高
	抗蚀	中	良	劣	良
	干缩	中	中	大	小
	耐磨	良	中	劣	中
	需水性	小	小	大	中

水利水电工程大体积混凝土应选用发热量较低的硅酸盐水泥。

2.1.1　通用硅酸盐水泥

（1）定义。以硅酸盐水泥熟料和适量的石膏，及规定的混合材料制成的水硬性胶凝材

料称为通用硅酸盐水泥。

（2）组分。通用硅酸盐水泥的组分应符合表 2-2 的规定。

表 2-2　　　　　　　　　　　　通用硅酸盐水泥的组分表

水泥品种	类别	代号	组分（质量分数）/%				
			熟料＋石膏	粒化高炉矿渣	火山灰质混合材料	粉煤灰	石灰石
通用硅酸盐水泥	硅酸盐水泥	P·Ⅰ	100	—	—	—	—
		P·Ⅱ	≥95	≤5	—	—	—
			≥95	—	—	—	≤5
	普通硅酸盐水泥	P·O	≥80 且＜95	>5 且≤20①			—
	矿渣硅酸盐水泥	P·S·A	≥50 且＜80	>20 且≤50②	—	—	—
		P·S·B	≥30 且＜50	>50 且≤70②	—	—	—
	火山灰质硅酸盐水泥	P·P	≥60 且＜80	—	>20 且≤40③	—	—
	粉煤灰硅酸盐水泥	P·F	≥60 且＜80	—	—	>20 且≤40④	—

① 本组分材料为符合《通用硅酸盐水泥》（GB 175—2007）第 5.2.3 条的活性混合材料，其中允许用不超过水泥质量 8% 且符合 GB 175—2007 第 5.2.4 条的非活性混合材料或不超过水泥质量 5% 且符合 GB 175—2007 第 5.2.5 条的窑灰代替。

② 本组分材料为符合《用于水泥中的粒化高炉矿渣》（GB/T 203—2008）或《用于水泥和混凝土中的粒化高炉矿渣粉》（GB/T 18046—2008）的活性混合材料，其中允许用不超过水泥质量 8% 符合标准 GB 175—2007 第 5.2.3 条的活性混合材料或符合 GB 175—2007 第 5.2.4 条的非活性混合材料或符合 GB 175—2007 第 5.2.5 条的窑灰中的任一种材料代替。

③ 本组分材料为符合《用于水泥中的火山灰混合材料》（GB/T 2847—2005）的活性混合材料。

④ 本组分材料为符合《用于水泥和混凝土中的粉煤灰》（GB/T 1596—2005）的活性混合材料。

（3）技术要求。通用硅酸盐水泥的技术要求见表 2-3。检验结果符合表 2-3 化学和物理指标的规定为合格品，检验结果不符合表 2-3 中的任何一项技术要求为不合格品。

表 2-3　　　　　　　　　　　　通用硅酸盐水泥的技术要求表

项　目		硅酸盐水泥		普通硅酸盐水泥		矿渣硅酸盐水泥		火山灰质硅酸盐水泥		粉煤灰硅酸盐水泥	
		3d	28d	3d	28d	3d	28d	3d	28d	3d	28d
化学指标	不溶物	P.Ⅰ≤3.0% P.Ⅱ≤3.5%		—							
	烧失量	P.Ⅰ≤3.0% P.Ⅱ≤3.5%		≤5.0%		—					
	三氧化硫（SO₃）	≤3.5%				≤4.0%		≤3.5%			
	氧化镁（MgO）	≤5.0%①				≤6.0%ᵇ(P.S.A)		≤6.0%②			
		1. 如果水泥压蒸试验合格，则水泥中 MgO 的含量允许放宽到 6.0%				2. 如果水泥中 MgO 的含量大于 6.0% 时，需进行水泥压蒸安定性试验并合格					
	氯离子（Cl⁻）	≤0.06（当有更低要求时，该指标由买卖双方确定）②									

项目			硅酸盐水泥		普通硅酸盐水泥		矿渣硅酸盐水泥		火山灰质硅酸盐水泥		粉煤灰硅酸盐水泥	
			3d	28d	3d	28d	3d	28d	3d	28d	3d	28d
物理指标	凝结时间/min	初凝	≥45									
		终凝	≤390		≤600							
	安定性		沸煮法合格									
	抗压强度/抗折强度/MPa	32.5	—	—	—	—	≥10.0/2.5	≥32.5/5.5	≥10.0/2.5	≥32.5/5.5	≥10.0/2.5	≥32.5/5.5
		32.5R	—	—	—	—	≥15.0/3.5	≥32.5/5.5	≥15.0/3.5	≥32.5/5.5	≥15.0/3.5	≥32.5/5.5
		42.5	≥17.0/3.5	≥42.5/6.5	≥17.0/3.5	≥42.5/6.5	≥15.0/3.5	≥42.5/6.5	≥15.0/3.5	≥42.5/6.5	≥15.0/3.5	≥42.5/6.5
		42.5R	≥22.0/4.0	≥42.5/6.5	≥22.0/4.0	≥42.5/6.5	≥19.0/4.0	≥42.5/6.5	≥19.0/4.0	≥42.5/6.5	≥19.0/4.0	≥42.5/6.5
		52.5	≥23.0/4.0	≥52.5/7.0	≥23.0/4.0	≥52.5/7.0	≥21.0/4.0	≥52.5/7.0	≥21.0/4.0	≥52.5/7.0	≥21.0/4.0	≥52.5/7.0
		52.5R	≥27.0/5.0	≥52.5/7.0	≥27.0/5.0	≥52.5/7.0	≥23.0/4.5	≥52.5/7.0	≥23.0/4.5	≥52.5/7.0	≥23.0/4.5	≥52.5/7.0
		62.5	≥28.0/5.0	≥62.5/8.0	—	—	—	—	—	—	—	—
		62.5R	≥32.0/5.5	≥62.5/8.0	—	—	—	—	—	—	—	—
选择性指标	细度		比表面积不小于300m²/kg				80μm方孔筛筛余不大于10%或45μm方孔筛筛余不大于30%					
	碱		水泥中碱含量按Na₂O+0.658K₂O计算值表示。若使用活性骨料，用户要求提供低碱水泥时，水泥中碱含量应不大于0.60%或由买卖双方协商确定									

注　引自《通用硅酸盐水泥》（GB 175—2007）①～③为3种特定情况。

（4）主要性能和适用范围。通用硅酸盐水泥的主要性能和适用范围见表2-4。

表2-4　　　　通用硅酸盐水泥的主要性能和适用范围表

水泥品种\性能及应用	硅酸盐水泥	普通硅酸盐水泥	矿渣硅酸盐水泥	火山灰质硅酸盐水泥	粉煤灰硅酸盐水泥
水化热	高		低		
凝结时间	快	较快	较慢		
密度	3.1～3.2	3.1～3.2	2.9～3.1	2.7～3.1	2.7～3.0
强度	早期强度较高		早期强度较低，后期强度增长率较高		
抗硫酸盐侵蚀性	差		较强	当SiO₂多时较强，当Al₂O₃多时较差	较强

性能及应用 \ 水泥品种	硅酸盐水泥	普通硅酸盐水泥	矿渣硅酸盐水泥	火山灰质硅酸盐水泥	粉煤灰硅酸盐水泥
抗溶出性侵蚀	差		强		
抗冻性	好		较差		
干缩	小		较大	大	较小
保水性	较好		差	好	好
需水性	小		较大	大	较小
适用范围	一般混凝土、钢筋混凝土及预应力混凝土；地下和水中结构（包括受反复冻融作用的结构）；有抗冲磨要求的混凝土工程		大体积混凝土；一般地上、地下、水中混凝土和钢筋混凝土；蒸汽养护的混凝土构件		
			适宜于有耐热要求的混凝土结构和大体积内部混凝土	宜用于水工大体积内部混凝土，有抗溶出性侵蚀的水下外部混凝土	
不适用范围	大体积内部混凝土、环境水有溶出性侵蚀和硫酸盐侵蚀的外部混凝土		抗冲耐磨部位混凝土以及不采取措施使用于有抗冻要求的混凝土		

2.1.2 特种水泥

特种水泥为除通用水泥之外的水泥，包括专用水泥和特性水泥。特种水泥分类见表 2-5，我国部分特种水泥主要性能和用途见表 2-6。

表 2-5   特 种 水 泥 分 类 表

类别	体系					
	硅酸盐	铝酸盐	氟铝酸盐	硫铝酸盐	铁铝酸盐	其他
水工水泥	中热硅酸盐水泥					
	低热硅酸盐水泥					
	低热矿渣水泥					
	低热粉煤灰水泥					
	低热微膨胀水泥					
快硬高强水泥	快硬硅酸盐水泥	铝酸盐水泥		快硬硫铝酸盐水泥	快硬铁铝酸盐水泥	
	双快型砂水泥	快硬高强铝酸盐水泥				
	双快抢修水泥	特快硬调凝铝酸盐水泥	快凝快硬氟铝酸盐水泥			

类别	体系					
	硅酸盐	铝酸盐	氟铝酸盐	硫铝酸盐	铁铝酸盐	其他
膨胀自应力水泥	硅酸盐膨胀水泥	铝酸盐膨胀水泥		硫铝酸盐膨胀水泥	铁铝酸盐膨胀水泥	含CaO膨胀剂和含铁膨胀剂硅酸盐水泥
	无收缩快硬硅酸盐水泥					
	明矾石膨胀硅酸盐水泥					
	自应力硅酸盐水泥	自压力铝酸盐水泥				
海工水泥	抗硫酸盐硅酸盐水泥					
	新型高抗硫酸盐水泥					
	海洋工程混凝土用复合胶凝材料					
油井水泥	A~H级油井水泥					无熟料油井水泥
	特种油井水泥					
装饰水泥	白色硅酸盐水泥					
	彩色硅酸盐水泥			彩色硫铝酸盐水泥		
耐高温水泥		铝酸盐水泥				磷酸盐水泥
		N形超早强铝酸盐水泥				水玻璃胶凝材料
		高强铝酸盐水泥-65				
		纯铝酸钙水泥				
		铝酸盐水泥				
其他	道路硅酸盐水泥	含硼酸铝酸盐水泥	锚固水泥	低碱度水泥	低碱度水泥	耐酸水泥
	砌筑水泥					氯氧镁水泥
	钡水泥	防中子水泥				
	锶水泥					

注　此表摘自《水泥生产问答》. 王君伟, 2010。

表 2-6   我国部分特种水泥主要性能和用途表

水泥品种	主 要 性 能	主 要 用 途
中热、低热硅酸盐水泥	中热水泥水化热低、抗冻、耐磨；低热矿渣水泥水化热低，后期强度高。它们早期强度稍低、凝结时间慢	中热水泥主要用于大坝溢流面层和水位变化区；低热矿渣水泥用于大体积建筑物内部及地下工程
抗硫酸盐水泥	具有抗硫酸盐侵蚀（能抵抗的硫酸盐浓度一般不超过 2500mg/L）和低水化热特性	广泛应用于有硫酸盐侵蚀的工程，如隧道、海港、水利、引水和桥梁基础等工程
高抗硫酸盐水泥	具有高抗蚀性能（一般能抵抗硫酸盐浓度 10000～20000mg/L），早期强度较低，耐磨性能较好	适用于普通抗硫酸盐水泥不能抵抗其侵蚀的工程
快硬硅酸盐水泥	早期强度高，一般 3d 可达到普通水泥 28d 的强度，后期强度继续增长，水化热比较集中	用于混凝土预制构件、快速施工及工程抢修或高强混凝土工程结构
道路水泥	耐磨性、抗冻性、抗冲击性能好，收缩性较小，抗折强度高	广泛适用于各种道路工程，如公路路面、机场跑道、工厂的道路、广场等
油井水泥	水泥具有耐高温、高压和良好的抗腐蚀性、流动性，使水泥浆体具有保水性、可泵性以及低稠度、快速凝结硬化和井壁与套管高度胶结性，隔离性能好	专用于油、气井固井工程。针对不同井下灌浆过程的特殊性和高温高压多样性，使用不同油井水泥品种
白水泥	色白，特有白度指标。强度等级比硅酸盐水泥档次低	配白色砂浆或混凝土作装饰结构材料或雕塑
膨胀水泥	具有抗裂性、抗腐蚀性、自愈性能；膨胀稳定；强度高	用作压力管等制品；防渗、堵漏、填缝工程

注 此表摘自《水泥生产问答》. 王君伟，2010。

2.1.2.1 中热硅酸盐水泥、低热硅酸盐水泥、低热矿渣硅酸盐水泥

（1）定义。以适当成分的硅酸盐水泥熟料，加入适量石膏，磨细制成的具有中等水化热的水硬性胶凝材料称为中热硅酸盐水泥，简称"中热水泥"。

以适当成分的硅酸盐水泥熟料，加入适量石膏，磨细制成的具有低水化热的水硬性胶凝材料称为低热硅酸盐水泥，简称"低热水泥"。

以适当成分的硅酸盐水泥熟料，加入粒化高炉矿渣、适量石膏，磨细制成的具有低水化热的水硬性胶凝材料称为低热矿渣硅酸盐水泥，简称"低热矿渣水泥"。

（2）组分及熟料成分。中热硅酸盐水泥、低热硅酸盐水泥、低热矿渣硅酸盐水泥组分及熟料成分见表 2-7。

（3）技术要求。中热硅酸盐水泥、低热硅酸盐水泥、低热矿渣硅酸盐水泥的技术要求见表 2-8。凡氧化镁、三氧化硫、初凝时间、安定性中的任一项不符合技术要求时，均为废品。凡比表面积、终凝时间、烧失量、混合材料名称和掺加量、水化热、强度中的任一项不符合技术要求时为不合格品。水泥包装标志中水泥品种、生产者名称和出厂编号不全的也属于不合格品。

表 2-7　中热硅酸盐水泥、低热硅酸盐水泥、低热矿渣硅酸盐水泥组分及熟料成分表

水泥品种	代号	组分（质量分数）/%		熟料成分/%				
		熟料＋石膏	粒化高炉矿渣	C_3S	C_2S	C_3A	f·GaO	MgO
中热硅酸盐水泥（简称"中热水泥"）	P·MH	100	—	≤55	—	≤6	≤1.0	
低热硅酸盐水泥（简称"低热水泥"）	P·LH	100	—		≥40	≤6	≤1.0	
低热矿渣硅酸盐水泥（简称"低热矿渣水泥"）	P·SLH	＞40且＜80	20～60①			≤8	≤1.2	≤5.0②

①　允许用不超过混合材料总量50%的粒化电炉磷渣或粉煤灰代替部分粒化高炉矿渣。

②　如果水泥经压蒸安定性试验合格，则熟料中MgO的含量允许放宽到6.0%。

表 2-8　中热硅酸盐水泥、低热硅酸盐水泥、低热矿渣硅酸盐水泥的技术要求表

强度等级及技术要求		中热硅酸盐水泥			低热硅酸盐水泥			低热矿渣硅酸盐水泥		
		3d	7d	28d	3d	7d	28d	3d	7d	28d
抗压强度/抗折强度/MPa	32.5	—							≥12.0/3.0	≥32.5/5.5
	42.5	≥12.0/3.0	≥22.0/4.5	≥42.5/6.5		≥13.0/3.5	≥42.5/6.5			
氧化镁（MgO）		≤5.0%　如果水泥经压蒸安定性试验合格，允许放宽到6.0%								
三氧化硫（SO₃）/%		≤3.5								
烧失量/%		≤3.0								
比表面积/(m²/kg)		≥250								
凝结时间	初凝/min	≥60								
	终凝/h	≤12								
安定性		沸煮法合格								
水化热/(kJ/kg)		≤251	≤293	—	≤230	≤260	≤310（形式检验）	≤197	≤230	—
碱含量		由供需双方商定，按Na₂O＋0.658K₂O计算值表示。当水泥在混凝土中和骨料可能发生有害反应并经用户提出低碱要求时，中热水泥和低热水泥碱含量应不超过0.60%，低热矿渣水泥中的碱含量应不超过1.0%								

注　引自《中热、低热、低热矿渣硅酸水泥》（GB 200—2003）。

（4）主要性能和适用范围。中热硅酸盐水泥、低热硅酸盐水泥、低热矿渣硅酸盐水泥的主要性能及适用范围见表 2-9。

2.1.2.2　低热微膨胀水泥

（1）定义。以粒化高炉矿渣为主要成分，加入适量硅酸盐水泥熟料和石膏，磨细制成的具有低水化热和微膨胀性能的水硬性胶凝材料称为低热微膨胀水泥。

表 2-9　　　中热硅酸盐水泥、低热硅酸盐水泥、低热矿渣硅酸盐水泥的主要性能及适用范围表

性能及应用 ＼ 水泥品种	中热硅酸盐水泥	低热硅酸盐水泥	低热矿渣硅酸盐水泥
水化热	中	低	低
凝结时间	快	较慢	较慢
密度	3.1～3.2	2.9～3.1	2.9～3.1
强度	早期强度较高	早期强度较低，后期强度增长率较高	早期强度较低，后期强度增长率较高
抗硫酸盐侵蚀性	强	强	较强
抗溶出性侵蚀	差	差	强
抗冻性	好	好	较差
干缩	小	小	较小
保水性	较好	较好	差
需水性	小	小	较大
适用范围	大坝抗冲耐磨部位混凝土、水位变化区及有耐久性要求部位的混凝土	大坝及其他大体积结构内部混凝土、水下和地下等部位混凝土	大坝及其他大体积结构内部混凝土、水下和地下等部位混凝土
不适用范围	大体积内部混凝土及环境水有溶出性侵蚀的外部混凝土	低温季节施工的混凝土	严寒地区水位变化区外部混凝土慎用

（2）熟料成分。低热微膨胀水泥的熟料成分见表 2-10。

表 2-10　　　　　　　低热微膨胀水泥的熟料成分表

水泥品种	代号	熟料成分
低热微膨胀水泥	LHEC	硅酸钙矿物质量分数不小于 66%，氧化钙和氧化硅质量比不小于 2.0。熟料强度等级要求达到 42.5 以上；游离氧化钙含量（质量分数）不应超过 1.5%；氧化镁含量（质量分数）不应超过 6.0%

（3）技术要求。低热微膨胀水泥的技术要求见表 2-11。凡三氧化硫、比表面积、凝结时间、安定性、强度、水化热、线膨胀率、氯离子、碱含量符合规定的技术要求的为合格品，任一项不符合规定的技术要求的为不合格品。

表 2-11　　　　　　　低热微膨胀水泥的技术要求表

强度等级	技术要求	低热微膨胀水泥		
		1d	7d	28d
32.5	三氧化硫（SO₃）/%	4.0～7.0		
	比表面积/（m²/kg）	≥300		
	凝结时间	初凝应不早于 45min，终凝应不迟于 12h，也可由生产单位和使用单位商定		
	安定性	沸煮法合格		

强度等级	技术要求	低热微膨胀水泥		
		1d	7d	28d
32.5	抗压强度/抗折强度/MPa	—	≥18.0/5.0	≥32.5/7.0
	水化热/（kJ/kg）	≤185	≤220	—
	线膨胀率/%	≥0.05	≥0.10	≤0.6
	氯离子（Cl⁻）/%	≤0.06		
	碱含量	由供需双方商定，按 Na₂O＋0.658K₂O 计算值表示		

注 引自《低热微膨胀水泥》（GB 2938—2008）。

2.1.2.3 抗硫酸盐硅酸盐水泥

（1）定义。抗硫酸盐硅酸盐水泥按其抗硫酸盐性能分为中抗硫酸盐硅酸盐水泥、高抗硫酸盐硅酸盐水泥两类。

以特定矿物组成的硅酸盐水泥熟料，加入适量石膏，磨细制成的具有抵抗中等浓度硫酸根离子侵蚀的水硬性胶凝材料称为中抗硫酸盐硅酸盐水泥，代号为 P·MSR。

以特定矿物组成的硅酸盐水泥熟料，加入适量石膏，磨细制成的具有抵抗较高浓度硫酸根离子侵蚀的水硬性胶凝材料称为高抗硫酸盐硅酸盐水泥，代号为 P·HSR。

（2）技术要求。凡硅酸三钙、铝酸三钙、氧化镁、三氧化硫、烧失量、不溶物、比表面积和凝结时间中的任一项不符合技术要求和强度低于商品强度等级的指标时为不合格品。水泥包装标志中水泥品种、强度等级、生产者名称和出厂编号不全的也属于不合格品。抗硫酸盐硅酸盐水泥的技术要求见表 2-12。

表 2-12　　　　　　　　　抗硫酸盐硅酸盐水泥的技术要求表

强度等级及技术要求		中抗硫酸盐硅酸盐水泥		高抗硫酸盐硅酸盐水泥	
		3d	28d	3d	28d
抗压强度/抗折强度/MPa	32.5	≥10.0/2.5	≥32.5/6.0	≥10.0/2.5	≥32.5/6.0
	42.5	≥15.0/3.0	≥42.5/6.5	≥15.0/3.0	≥42.5/6.5
硅酸三钙（C₃S）/%		≤55		≤50	
铝酸三钙（C₃A）/%		≤5		≤3	
氧化镁（MgO）/%		≤5.0%，如果水泥经压蒸安定性试验合格，允许放宽到 6.0%			
三氧化硫（SO₃）/%		≤2.5			
烧失量/%		≤3.0			
不溶物/%		≤1.5			
比表面积/（m²/kg）		≥280			
凝结时间	初凝/min	≥45			
	终凝/h	≤10			
安定性		沸煮法合格			
14d 线膨胀率/%		≤0.060		≤0.040	
碱含量		由供需双方商定，按 Na₂O＋0.658K₂O 计算值表示。若使用活性骨料，用户要求提供低碱水泥时，水泥中的碱含量应不大于 0.60%			

注 引自《抗硫酸盐水泥》（GB 748—2005）。

2.1.2.4 白色硅酸盐水泥

（1）定义。由氧化铁含量少的硅酸盐水泥熟料、适量石膏及《白色硅酸盐水泥》（GB/T 2015—2005）规定的混合材料，磨细制成的水硬性胶凝材料称为白色硅酸盐水泥，简称"白水泥"。

（2）组分及熟料成分。白色硅酸盐水泥的熟料成分见表 2-13。

表 2-13 　　　　　　　　　　　白色硅酸盐水泥的熟料成分表

水 泥 品 种	代 号	熟 料
白色硅酸盐水泥 （简称"白水泥"）	P·W	氧化镁含量不宜超过 5.0%；如果水泥经压蒸安定性试验合格，则熟料中氧化镁的含量允许放宽到 6.0%

（3）技术要求。白色硅酸盐水泥的技术要求见表 2-14。凡三氧化硫、初凝时间、安定性中任一项不符合技术要求或强度低于最低等级的指标时为废品。凡细度、终凝时间、强度和白度任一项不符合技术要求时为不合格品。水泥包装标志中水泥品种、生产者名称和出厂编号不全的也属于不合格品。

表 2-14 　　　　　　　　　　　白色硅酸盐水泥的技术要求表

强度等级及技术要求		白色硅酸盐水泥	
		3d	28d
抗压强度/抗折强度 /MPa	32.5	≥12.0/≥3.0	≥32.5/≥6.0
	42.5	≥17.0/≥3.5	≥42.5/≥6.5
	52.5	≥22.0/≥4.0	≥52.5/≥7.0
三氧化硫（SO_3）/%		≤3.5	
细度（80μm 方孔筛筛余）/%		≤10	
凝结时间	初凝/min	≥45	
	终凝/h	≤10	
安定性		沸煮法合格	
白度		≥87	

注　引自《白色硅酸盐水泥》（GB/T 2015—2005）。

2.1.2.5 道路硅酸盐水泥

（1）定义。由道路硅酸盐水泥熟料、适量石膏，可加入《道路硅酸盐水泥》（GB 13693—2005）规定的混合材料，磨细制成的水硬性胶凝材料称为道路硅酸盐水泥，简称"道路水泥"。

（2）组分及熟料成分。道路硅酸盐水泥的熟料成分见表 2-15。

表 2-15 　　　　　　　　　　　道路硅酸盐水泥的熟料成分表

水泥品种	代 号	熟 料		
		铝酸三钙	铁铝酸四钙	游离氧化钙
道路硅酸盐水泥 （简称"道路水泥"）	P·R	≤5.0%	≥16.0%	≤1.0%（旋窑） ≤1.8%（立窑）

（3）技术要求。道路硅酸盐水泥的技术要求见表2-16。凡氧化镁、三氧化硫、初凝时间、安定性中任一项不符合技术要求时，均为废品。凡比表面积、终凝时间、烧失量、干缩率和耐磨性的任一项不符合技术要求，或强度低于商品等级规定的指标时，均为不合格品；水泥包装标志中水泥品种、等级、工厂名称和出厂编号不全的也属于不合格品。

表 2-16　　　　　　　　　道路硅酸盐水泥的技术要求表

强度等级及技术要求		道路硅酸盐水泥	
		3d	28d
抗压强度/抗折强度/MPa	32.5	≥16.0/≥3.5	≥32.5/≥6.5
	42.5	≥21.0/≥4.0	≥42.5/≥7.0
	52.5	≥26.0/≥5.0	≥52.5/≥7.5
氧化镁（MgO）/%		≤5.0	
三氧化硫（SO_3）/%		≤3.5	
烧失量/%		≤3.0	
比表面积/（m^2/kg）		300～450	
凝结时间		初凝应不早于1.5h，终凝应不迟于10h	
安定性		沸煮法合格	
干缩率/%		—	≤0.10
耐磨性（28d磨耗量）/%		≤3.0	
碱含量		由供需双方商定，按$Na_2O+0.658K_2O$计算值表示。若使用活性骨料，用户要求提供低碱水泥时，水泥中的碱含量应不大于0.60%	

注　引自《道路硅酸盐水泥》（GB 13693—2005）。

2.1.2.6　砌筑水泥

（1）定义。凡由一种或一种以上的水泥混合材料，加入适量硅酸盐水泥熟料和石膏，经磨细制成的工作性较好的水硬性胶凝材料称为砌筑水泥，代号为M。砌筑水泥主要用于砌筑和抹面砂浆、垫层混凝土等，不应用于结构混凝土。

（2）技术要求。砌筑水泥的技术要求见表2-17。凡三氧化硫、初凝时间、安定性中任一项不符合技术要求或12.5级砌筑水泥强度低于技术要求规定的指标时均为废品。凡细度、终凝时间、保水率中的任一项不符合技术要求或22.5级砌筑水泥强度低于技术要求规定的指标时均为不合格品。水泥包装标志中水泥品种、强度等级、生产者名称和出厂编号不全的也属于不合格品。

表 2-17　　　　　　　　　砌筑水泥的技术要求表

强度等级及技术要求		砌筑水泥	
		7d	28d
抗压强度/抗折强度/MPa	12.5	≥7.0/≥1.5	≥12.5/≥3.0
	22.5	≥10.0/≥2.0	≥22.5/≥4.0
三氧化硫（SO_3）/%		≤4.0	

强度等级及技术要求	砌 筑 水 泥	
	7d	28d
细度（80μm方孔筛筛余）/%	≤10	
凝结时间	初凝应不早于60min，终凝应不迟于12h	
安定性	沸煮法合格	
保水率/%	≥80	

注 引自《砌筑水泥》（GB/T 3183—2003）。

2.1.2.7 油井水泥

（1）定义。由适当矿物组成的硅酸盐水泥熟料、适量石膏和混合材料等磨细制成的适用于一定井温条件下油、气井固井工程用的水泥称为油井水泥。

（2）级别、使用条件及类型。油井水泥的级别、使用条件及类型见表2-18。

表2-18   油井水泥的级别、使用条件及类型表

水泥品种	级别	使 用 条 件	类 型
油井水泥	A	无特殊性能要求时使用	普通（O）
	B	适合于井下条件要求中抗或高抗硫酸盐时使用	中抗硫酸盐（MSR）、高抗硫酸盐（HSR）
	C	适合于井下条件要求高的早期强度时使用	普通（O）、中抗硫酸盐（MSR）、高抗硫酸盐（HSR）
	D	适合于中温中压的条件下使用	中抗硫酸盐（MSR）、高抗硫酸盐（HSR）
	E	适合于高温高压条件下使用	中抗硫酸盐（MSR）、高抗硫酸盐（HSR）
	F	适合于高温高压条件下使用	中抗硫酸盐（MSR）、高抗硫酸盐（HSR）
	G	是一种基本油井水泥	中抗硫酸盐（MSR）、高抗硫酸盐（HSR）
	H	是一种基本油井水泥	中抗硫酸盐（MSR）、高抗硫酸盐（HSR）

（3）技术要求。油井水泥的化学要求见表2-19，油井水泥的物理性能要求见表2-20。

表2-19   油井水泥的化学要求表

化学要求	水 泥 级 别					
	A	B	C	D、E、F	G	H
普通型（O）						
氧化镁（MgO）/%	≤6.0	NA	≤6.0	NA	NA	NA
三氧化硫（SO_3）/%	≤3.5[①]	NA	≤4.5	NA	NA	NA
烧失量/%	≤3.0	NA	≤3.0	NA	NA	NA
不溶物	≤0.75	NA	≤0.75	NA	NA	NA
铝酸三钙（C_3A）	NR	NA	≤15	NA	NA	NA
中抗硫酸盐型（HSR）						
氧化镁（MgO）/%	NA	≤6.0	≤6.0	≤6.0	≤6.0	≤6.0
三氧化硫（SO_3）/%	NA	≤3.0	≤3.5	≤3.0	≤3.0	≤3.0
烧失量/%	NA	≤3.0	≤3.0	≤3.0	≤3.0	≤3.0
不溶物/%	NA	≤0.75	≤0.75	≤0.75	≤0.75	≤0.75

化学要求	水泥级别					
	A	B	C	D、E、F	G	H
硅酸三钙（C₃S）/%	NA	NR	NR	NR	≥48，≤58②	≥48，≤58②
铝酸三钙（C₃A）/%	NA	≤8	≤8	≤8	≤8	≤8
碱含量/%	NA	NR	NR	NR	≤0.75	≤0.75
高抗硫酸盐型（HSR）						
氧化镁（MgO）/%	NA	≤6.0	≤6.0	≤6.0	≤6.0	≤6.0
三氧化硫（SO₃）/%	NA	≤3.0	≤3.5	≤3.0	≤3.0	≤3.0
烧失量/%	NA	≤3.0	≤3.0	≤3.0	≤3.0	≤3.0
不溶物/%	NA	≤0.75	≤0.75	≤0.75	≤0.75	≤0.75
硅酸三钙（C₃S）/%	NA	NR	NR	NR	≥48，≤65②	≥48，≤65②
铝酸三钙（C₃A）/%	NA	≤3②	≤3②	≤3②	≤3②	≤3②
铁铝酸四钙（C₄AF）+二倍铝酸三钙（C₃A）/%	NA	≤24②	≤24②	≤24②	≤24②	≤24②
碱含量	NA	NR	NR	NR	≤0.75	≤0.75

注 引自《油井水泥》（GB 10238—2005）。NR 为不要求；NA 为不适用。

① 当 A 级水泥铝酸三钙含量为 8% 或小于 8% 时，三氧化硫不大于 3%。

② 用计算假定化合物表示化学成分范围时，不一定就指氧化物真正或完全以该化合物的形式存在。当 $Al_2O_3/Fe_2O_3 \leq 0.64$ 时，C_3A 含量为零。当 $Al_2O_3/Fe_2O_3 > 0.64$ 时，化合物按下式计算：

$C_3A = 2.65 \times Al_2O_3\% - 1.69 \times Fe_2O_3\%$，$C_4AF = 3.04 \times Fe_2O_3\%$

$C_3S = 4.07 \times CaO\% - 7.60 \times SiO_2\% - 6.72 \times Al_2O_3\% - 1.43 \times Fe_2O_3\% - 2.85 \times SO_3\%$

当 $Al_2O_3/Fe_2O_3 < 0.64$ 时，形成氧化铁—氧化铝—氧化钙固熔体（表达为 $C_4AF + C_2F$），化合物按下式计算：

$C_3S = 4.07 \times CaO\% - 7.60 \times SiO_2\% - 4.48 \times Al_2O_3\% - 2.86 \times Fe_2O_3\% - 2.85 \times SO_3\%$。

表 2–20 　　　　　　　　油井水泥的物理性能要求表

油井水泥级别			A	B	C	D	E	F	G	H
混合水，占水泥质量分数/%			46	46	56	38	38	38	44	38
比表面积/（m²/kg）			≥280	≥280	≥400	NR	NR	NR	NR	NR
游离液含量/%			NR	NR	NR	NR	NR	NR	≤5.90	≤5.90
抗压强度（8h 养护）	试验方案	最终养护温度/（℃/℉）	最终养护压力/（MPa/psi）	抗压强度，最小值/（MPa/psi）						
	NA	38/100	常压	1.7/250	1.4/200	2.1/300	NR	NR	NR	2.1/300	2.1/300
	NA	60/140	常压	NR	NR	NR	NR	NR	NR	10.3/1500	10.3/1500
	6S	110/230	20.7/3000	NR	NR	NR	3.4/500	NR	NR	NR	NR
	8S	143/290	20.7/3000	NR	NR	NR	NR	3.4/500	NR	NR	NR
	9S	160/320	20.7/3000	NR	NR	NR	NR	NR	3.4/500	NR	NR

油井水泥级别			A	B	C	D	E	F	G	H
抗压强度 （24h养护）	试验方案	最终养护温度/（℃/℉）	最终养护压力/（MPa/psi）		抗压强度，最小值/（MPa/psi）					
	NA	38/100	常压	12.4/1800	10.3/1500	13.8/2000	NR	NR	NR	NR	NR
	4S	77/170	20.7/3000	NR	NR	NR	6.9/1000	6.9/1000	NR	NR	NR
	6S	110/230	20.7/3000	NR	NR	NR	13.8/2000	NR	6.9/1000	NR	NR
	8S	143/290	20.7/3000	NR	NR	NR	NR	13.8/2000	NR	NR	NR
	9S	160/320	20.7/3000	NR	NR	NR	NR	NR	6.9/1000	NR	NR

稠化时间/min（压力、温度条件下）	试验方案	15～30min最大稠度/Bc								
	4	30	≥90	≥90	≥90	≥90	NR	NR	NR	NR
	5	30	NR	NR	NR	NR	NR	NR	≥90	≥90
	5	30	NR	NR	NR	NR	NR	NR	≤120	≤120
	6	30	NR	NR	NR	≥100	≥100	≥100	NR	NR
	8	30	NR	NR	NR	NR	≥154	NR	NR	NR
	9	30	NR	NR	NR	NR	≥190	NR	NR	NR

注 NR为不要求；NA为不适用。

2.1.2.8 铝酸盐水泥

（1）定义。凡以铝酸钙为主的铝酸盐水泥熟料，磨细制成的水硬性胶凝材料称为铝酸盐水泥。根据需要也可在磨制 Al_2O_3 量小于68%的水泥时掺加适量的 Al_2O_3。

（2）分类。铝酸盐水泥分类见表2-21。

表2-21　　　　　　　　铝 酸 盐 水 泥 分 类 表

水 泥 品 种	代 号	分 类
铝酸盐水泥	CA	CA-50
		CA-60
		CA-70
		CA-80

（3）技术要求。铝酸盐水泥的技术要求见表2-22。当碱含量指标达不到要求时为废品，其余要求中任一项达不到时为不合格品。

（4）应用范围及注意事项。铝酸盐水泥具有凝结硬化速度快、水化热大、放热量集中、较高的耐热性、抗硫酸盐腐蚀、后期强度低、与硅酸盐水泥和石灰相混产生闪凝及破坏等特点。见表2-23。

表 2 - 22   铝酸盐水泥的技术要求表

强度等级及技术要求		铝 酸 盐 水 泥			
		6h	1d	3d	28d
抗压强度/抗折强度 /MPa	CA - 50	≥20/≥3.0①	≥40/≥5.5	≥50/≥6.5	—
	CA - 60	—	≥20/≥2.5	≥45/≥5.0	≥85/≥10.0
	CA - 70	—	≥30/≥5.0	≥40/≥6.0	—
	CA - 80	—	≥25/≥4.0	≥30/≥5.0	—
凝结时间	初凝/min	CA - 50、CA - 70、CA - 80	≥30		
		CA - 60	≥60		
	终凝/h	CA - 50、CA - 70、CA - 80	≤6		
		CA - 60	≤18		
三氧化二铝(Al₂O₃)/%		CA - 50	≥50,<60		
		CA - 60	≥60,<68		
		CA - 70	≥68,<77		
		CA - 80	≥77		
二氧化硅(SiO₂)/%		CA - 50	≤8.0		
		CA - 60	≤5.0		
		CA - 70	≤1.0		
		CA - 80	≤0.5		
三氧化二铁(Fe₂O₃)/%		CA - 50	≤2.5		
		CA - 60	≤2.0		
		CA - 70	≤0.7		
		CA - 80	≤0.5		
碱含量			≤0.40		
S①			≤0.1		
Cl①			≤0.1		
细度(由供需双方商定,在无约定的情况下发生争议时以比表面积为准)	比表面积/(m²/kg)		≥300		
	0.045mm 筛余		≤20%		

注 引自《铝酸盐水泥》(GB 201—2000)。

① 当用户需要时,生产厂应提供结果和测定方法。

表 2 - 23   铝酸盐水泥的应用范围及注意事项表

应 用 范 围	注 意 事 项
(1) 紧急抢修、抢建工程和需要早期强度的工程; (2) 适用于冬季及低温下施工; (3) 适用于制作耐热和耐热混凝土及砌筑用的耐热砂浆; (4) 适用于含硫酸盐的地下水,矿物水侵蚀工程; (5) 适用于油气井工程以及受交替冻融或干湿的构筑物; (6) 该水泥与石膏等配制成"膨胀水泥"和"自应力水泥"	(1) 不适合大体积工程并不得用于接触碱性溶液工程; (2) 使用温度不应超过30℃,更不宜采用蒸汽养护; (3) 未经试验,不应与水化后能产生氢氧化钙的胶凝材料掺和使用,不应与未硬化的硅酸盐水泥混凝土接触; (4) 该水泥后期强度有所下降,长期承重工程应按最低稳定强度设计

注 此表摘自《水泥生产问答》. 王君伟,2010。

2.1.2.9 硫铝酸盐水泥

（1）定义。以适当成分的生料，经煅烧所得以无水硫铝酸钙和硅酸二钙为主要矿物成分的水泥熟料掺加不同量的石灰石、适量石膏共同磨细制成，具有水硬性胶凝材料称为硫铝酸盐水泥。

其中由适当成分的硫铝酸盐水泥熟料和少量石灰石、适量石膏共同磨细制成的，具有早期强度高的水硬性胶凝材料称为快硬硫铝酸盐水泥。

由适当成分的硫铝酸盐水泥熟料和较多量石灰石、适量石膏共同磨细制成，具有碱度低的水泥硬性胶凝材料称为低碱度硫铝酸盐水泥。

由适当成分的硫铝酸盐水泥熟料加入适量石膏磨细制成的，具有膨胀性的水硬性胶凝材料，称为自应力硫铝酸盐水泥。

（2）分类。硫铝酸盐水泥的分类见表2-24。

表2-24   硫铝酸盐水泥的分类表

水 泥 品 种	类 别	代 号
硫铝酸盐水泥	快硬硫铝酸盐水泥	R·SAC
	低碱度硫铝酸盐水泥	L·SAC
	自应力硫铝酸盐水泥	S·SAC

（3）技术要求。硫铝酸盐水泥的技术要求见表2-25。出厂检验结果符合技术要求时，判为出厂检验合格。低碱度硫铝酸盐水泥中的碱度和28d自由膨胀率中任一项不符合要求时，判为废品；自应力硫铝酸盐水泥自应力值低于最低等级和水泥中的碱含量任一项不符合要求时，判为废品。快硬硫铝酸盐水泥、低碱度硫铝酸盐水泥、自应力硫铝酸盐水泥的比表面积、凝结时间、强度等级中任何一项不符合要求时，判为不合格品；自应力硫铝酸盐水泥的自由膨胀率、自应力值、28d自应力增进率中任一项不符合要求时，判为不合格品；快硬硫铝酸盐水泥、低碱度硫铝酸盐水泥、自应力硫铝酸盐水泥包装标志中水泥品种、强度等级、自应力等级、生产厂家名称和出厂编号不全时，判为不合格品。

表2-25   硫铝酸盐水泥的技术要求表

强度等级、级别及技术要求		快硬硫铝酸盐水泥			低碱度硫铝酸盐水泥		自应力硫铝酸盐水泥	
		1d	3d	28d	1d	7d	7d	28d
抗压强度/抗折强度/MPa	3.0、3.5、4.0、4.5	—	—	—	—	—	≥32.5/—	≥42.5/—
	32.5	—	—	—	≥25.0/≥3.5	≥32.5/≥5.0	—	—
	42.5	≥30.0/≥6.0	≥42.5/≥6.5	≥45.0/≥7.0	≥30.0/≥4.0	≥42.5/≥5.5	—	—
	52.5	≥40.0/≥6.5	≥52.5/≥7.0	≥55.0/≥7.5	≥40.0/≥4.5	≥52.5/≥6.0	—	—
	62.5	≥50.0/≥7.0	≥62.5/≥7.5	≥65.0/≥8.0	—	—	—	—
	72.5	≥55.0/≥7.5	≥72.5/≥8.0	≥75.0/≥8.5	—	—	—	—
自应力值/MPa	3.0	—	—	—	—	—	≥2.0	≥3.0,≤4.0
	3.5	—	—	—	—	—	≥2.5	≥3.5,≤4.5
	4.0	—	—	—	—	—	≥3.0	≥4.0,≤5.0
	4.5	—	—	—	—	—	≥3.5	≥4.5,≤5.5

强度等级、级别及技术要求	快硬硫铝酸盐水泥			低碱度硫铝酸盐水泥		自应力硫铝酸盐水泥	
	1d	3d	28d	1d	7d	7d	28d
比表面积/(m²/kg)	≥350			≥400		≥370	
凝结时间①/min	初凝不大于25，终凝不小于180					初凝不大于40，终凝不小于240	
碱度 pH 值	—			≤10.5		—	
28d 自由膨胀率	—			0～0.15			
自由膨胀率	—			—		≤1.30	≤1.75
水泥中的碱含量	—			—		<0.50	
28d 自应力增进率/(MPa/d)	—			—		≤0.010	
保水率/%	≥80						

注　引自《硫铝酸盐水泥》(GB 20472—2006)。
① 用户要求时，可以变动。

（4）应用范围及注意事项。硫铝酸盐水泥具有早强高强、高抗冻性、耐蚀性、高抗渗性、膨胀性、低碱性的特点。硫铝酸盐水泥的应用范围及注意事项见表 2-26。

表 2-26　　　　　　　　硫铝酸盐水泥的应用范围及注意事项表

应 用 范 围	注 意 事 项
（1）地下防渗工程、港工工程、防浪墙工程； （2）道路桥梁、矿井喷射； （3）配制特种工程材料，如硫铝酸盐水泥膨胀剂、硫铝酸盐、 （4）水泥高效减水剂等； （5）玻璃纤维水泥和混凝土制品（GRC）； （6）自应力水泥压力管； （7）冬季施工及特殊工程； （8）气泡混合轻质土工程	（1）制备水泥混凝土时，水泥用量不宜小于2800kg/m³，水灰比 0.38～0.65； （2）施工时特别是夏天，混凝土硬化后还要保湿养护，冬季施工时可适量加入防冻剂，提高混凝土入模温度； （3）不得用于耐热工程或环境温度经常处于100℃的工程； （4）水泥砂浆失去流动性后，不应二次加水拌和使用； （5）严防该水泥混入其他品种水泥和高碱性物质； （6）用该水泥配置的混凝土不应与其他水泥混凝土混合使用，但可以浇筑在已硬化的其他混凝土上

注　此表摘自《水泥生产问答》. 王君伟，2010。

2.2　掺合料

为了改善混凝土性能、减少水泥用量及降低水化热而掺入混凝土中的活性或惰性材料称为掺合料。

掺合料分活性和非活性两大类。活性掺合料以氧化硅、氧化铝为主要活性成分，本身不具有或只有极低的胶凝特性，但在常温下能与水泥水化产物氢氧化钙作用生成胶凝性水化物，并在空气中或水中硬化。非活性掺合料是不具有活性或活性极低的人工或天然的矿物材料。

掺合料品种和掺量选择，应根据当地的资源条件和混凝土技术要求等，通过试验论证确定。可单掺，也可根据试验论证将两种或两种以上掺合料复合掺用，如云南省大朝山水电站工程成功采用了磷矿渣与凝灰岩混磨而成的双掺料，云南省景洪水电站成功采用了水淬锰铁矿渣粉（铁矿渣粉）与石灰岩粉以50％∶50％（质量比）的双掺料。

2.2.1　粉煤灰

粉煤灰是从燃煤电厂煤粉炉烟道气体中收集到的粉末，其颗粒多呈球形，表面光滑。低钙灰的颜色随烧失量由低到高从乳白色变至灰黑色。粉煤灰的颗粒密度在1900～2600kg/m³之间，松散密度为550～800kg/m³。按煤种分为F类粉煤灰（由无烟煤或烟煤煅烧收集的粉煤灰）和C类粉煤灰（由褐煤或次烟煤煅烧收集的粉煤灰，其氧化钙含量一般大于10％）。

我国大部分电厂使用无烟煤或烟煤作燃料，所排放的粉煤灰为低钙灰，即F类粉煤灰。低钙灰主要化学成分为氧化硅、氧化铝及氧化铁，其总量约占粉煤灰的70％以上。一般认为粉煤灰中氧化钙含量大于10％为高钙灰，即C类粉煤灰。目前，我国高钙灰的排放量较少，如上海石洞口和外高桥电厂排放高钙灰。

粉煤灰在混凝土中的使用效果主要与粉煤灰的细度、颗粒形状及表面状况有关，也与其化学成分和玻璃体含量有关。粉煤灰的火山灰反应生成物主要为$3CaO \cdot 2SiO_2 \cdot 3H_2O$、$3CaO \cdot Al_2O_3 \cdot 6H_2O$、$3CaO \cdot Fe_2O_3 \cdot 6H_2O$及$3CaO \cdot Al_2O_3 \cdot 3CaSO_4 \cdot 32H_2O$，即与水泥的水化产物基本相同。粉煤灰的火山灰反应在28d以前很微弱，28d以后逐渐增强。因此，粉煤灰混凝土的早期强度较低，后期强度增长率高，利用粉煤灰混凝土后期强度可以充分发挥粉煤灰的活性效应。

2.2.1.1　技术要求

根据《水工混凝土掺用粉煤灰技术规范》（DL/T 5055—2007）中的规定，用于水工混凝土的粉煤灰分为Ⅰ级、Ⅱ级、Ⅲ级三个等级，粉煤灰技术要求应符合表2-27的规定。粉煤灰主要项目的特性如下：

（1）细度：粉煤灰作为混凝土掺合料，其对强度的贡献与$45\mu m$方孔筛的筛余量有较高的相关性，颗粒愈细，活性愈高。粉煤灰的细度还影响到混凝土拌和物的和易性，粉煤灰细，混凝土和易性好，保水性好，不易离析。

（2）需水量比：需水量比在一定程度上反映粉煤灰物理性质的优劣。颗粒细、微珠含量高的粉煤灰需水量比小。需水量比小的粉煤灰可以减少混凝土用水量，增进强度发展，提高抗渗性及耐久性。

（3）烧失量：烧失量主要反映粉煤灰中的未燃尽碳的含量，烧失量的大小主要影响混凝土的需水性和外加剂的掺量。

（4）三氧化硫：粉煤灰内的三氧化硫主要集中在其颗粒表层。在混凝土中三氧化硫能较快地析出，并参与火山灰反应形成硫铝酸钙。三氧化硫含量较高时，粉煤灰混凝土内生成较多的三硫型水化硫铝酸钙，产生一定的膨胀作用。为了保证混凝土的体积安定性，一般都限制三氧化硫含量。

表 2-27　　　　　　　　　　粉 煤 灰 技 术 要 求 表

项　　目		技 术 要 求		
		Ⅰ级	Ⅱ级	Ⅲ级
细度（45μm方孔筛筛余）/%	F类粉煤灰	≤12	≤25	≤45
	C类粉煤灰			
需水量比/%	F类粉煤灰	≤95	≤105	≤115
	C类粉煤灰			
烧失量/%	F类粉煤灰	≤5.0	≤8.0	≤15.0
	C类粉煤灰			
含水量/%	F类粉煤灰	≤1.0		
	C类粉煤灰			
三氧化硫（SO_3）/%	F类粉煤灰	≤3.0		
	C类粉煤灰			
游离氧化钙（f·CaO）/%	F类粉煤灰	≤1.0		
	C类粉煤灰	≤4.0		
安定性	C类粉煤灰	合格		
放射性	F类粉煤灰	合格		
	C类粉煤灰			
碱含量	F类粉煤灰	当粉煤灰用于活性骨料混凝土，要限制粉煤灰的碱含量时，其允许值应经试验论证确定		
	C类粉煤灰			

（5）含水量：粉煤灰含水量影响卸料、贮藏等操作。对高钙灰来说，含水会影响粉煤灰活性，并造成结块。

（6）游离氧化钙（f·CaO）：高钙灰抑制碱骨料反应的效果不如低钙灰，但研究成果不多。游离氧化钙含量高的粉煤灰在较高掺量时对水泥安定性有影响。

（7）碱含量：粉煤灰碱含量过高时可能导致混凝土风化及碱骨料反应而影响安定性。目前看法还不一致。美国 ASTM C618 仍限制粉煤灰中当量 Na_2O 含量不大于 1.5%，三峡水利枢纽工程也限制粉煤灰中碱含量不大于 1.5%。

2.2.1.2　应用

根据《水工混凝土掺用粉煤灰技术规范》（DL/T 5055—2007）中的规定：

（1）掺粉煤灰混凝土的设计强度等级、强度保证率和标准差等指标，应与不掺粉煤灰的混凝土相同，按有关规定取值。

（2）掺粉煤灰混凝土的强度、抗渗、抗冻等设计龄期，应根据建筑物类型和承载时间确定，宜采用较长的设计龄期。

（3）永久建筑物水工混凝土宜采用Ⅰ级粉煤灰或Ⅱ级粉煤灰，坝体内部混凝土、小型工程和临时建筑物的混凝土，经试验论证后也可采用Ⅲ级粉煤灰。

（4）永久建筑物水工混凝土 F 类粉煤灰最大掺量见表 2-28。

表 2-28　　　　　　　　　　　　　　　　　F 类粉煤灰最大掺量表

混凝土种类		粉煤灰最大掺量/%		
		硅酸盐水泥	普通硅酸盐水泥	矿渣硅酸盐水泥（P·S·A）
重力坝碾压混凝土	内部	70	65	40
	外部	65	60	30
重力坝常态混凝土	内部	55	50	30
	外部	45	40	20
拱坝碾压混凝土		65	60	30
拱坝常态混凝土		40	35	20
结构混凝土		35	30	—
面板混凝土		35	30	—
抗磨蚀混凝土		25	20	—
预应力混凝土		20	15	—

注　1. 本表适用于 F 类Ⅰ级、Ⅱ级粉煤灰，F 类Ⅲ级粉煤灰的最大掺量应适当降低，降低幅度应通过试验论证确定。
　　2. 中热硅酸盐水泥、低热硅酸盐水泥混凝土的粉煤灰最大掺量与硅酸盐水泥混凝土相同；低热矿渣硅酸盐水泥、火山灰质硅酸盐水泥、粉煤灰硅酸盐水泥混凝土的粉煤灰最大掺量与矿渣硅酸盐水泥（P·S·A）混凝土相同。
　　3. 本表所列的粉煤灰最大掺量不包含代砂的粉煤灰。
　　4. 引自《水工混凝土掺用粉煤灰技术规范》（DL/T 5055—2007）。

（5）水工混凝土掺 C 类粉煤灰时，掺量应通过试验论证确定。

（6）掺粉煤灰混凝土的胶凝材料用量，应符合《水工碾压混凝土施工规范》（DL/T 5112）及《水工混凝土施工规范》（DL/T 5144）的规定。

（7）掺粉煤灰混凝土的配合比设计，按《水工混凝土配合比设计规程》（DL/T 5330）的规定执行。

（8）粉煤灰与水泥、外加剂的适应性应通过试验论证。

（9）掺粉煤灰混凝土的拌和物应搅拌均匀，搅拌时间应通过试验确定。

（10）掺粉煤灰混凝土浇筑时不应漏振或过振，振捣后的混凝土表面不得出现明显的粉煤灰浮浆层。

（11）掺粉煤灰混凝土的暴露面应潮湿养护，应适当延长养护时间。

（12）掺粉煤灰混凝土在低温施工时应采取表面保温措施，拆模时间应适当延长。

2.2.2　粒化高炉矿渣粉

凡在高炉冶炼生铁时，所得以硅酸钙与铝酸钙为主要成分的熔融物，经淬冷成粒后，即为粒化高炉矿渣，简称矿渣。其主要化学成分是氧化钙、二氧化硅和三氧化二铝，占总量的 90% 以上。

矿渣除在水淬时形成大量玻璃体外，还含有钙镁铝黄长石和很少量的硅酸一钙或硅酸二钙等结晶组分。因此，它具有微弱的自身水硬性。矿渣的活性主要取决于矿物成分和结构形态，磨细矿渣的活性主要取决于磨细程度，当细度超过 $400m^2/kg$ 时，可以较充分地发挥其活性，减少泌水性。

当矿渣当做水泥混合材使用时，因其硬度比水泥熟料大，比熟料难磨，当熟料磨到一定细度后，矿渣仍不够细，以致水泥保水性差，耐久性不好。因此，将矿渣单独磨细成 $400m^2/kg$ 以上的矿渣粉后作混凝土掺合料使用，是生产绿色高性能混凝土的有效途径。

粒化高炉矿渣粉（简称矿渣粉）为以符合《用于水泥中的粒化高炉矿渣》（GB/T 203—2008）规定的粒化高炉为主要原料，可掺加少量石膏磨制成一定细度的粉体。矿渣粉磨时允许加入助磨剂，加入量不应超过矿渣粉质量的 0.5%。

矿渣粉混凝土的抗压强度、弹性模量等基本力学性能与普通混凝土一致。与普通混凝土相比，矿渣粉混凝土 7d 前的早期强度有所降低，而后期强度增长率较高。

矿渣粉能优化混凝土孔结构，提高抗渗性能，降低氯离子扩散速度，减少体系内的氢氧化钙，抑制碱骨料反应，提高抗硫酸盐腐蚀能力，使混凝土耐久性得到较大改善。大掺量矿渣粉可降低混凝土水化热峰值，延迟温峰发生时间。

掺矿渣粉混凝土抗冻时易发生表面剥落现象，抗碳化性能有所降低，使用时须注意这些特点。

掺矿渣粉新拌混凝土工作性良好，坍落度损失有所减少，泌水少。矿渣粉对混凝土有一定的缓凝作用，低温时影响更为明显。

2.2.2.1　技术要求

根据《用于水泥和混凝土中的粒化高炉矿渣粉》（GB/T 18046—2008）的规定，矿渣粉技术要求见表 2-29。

表 2-29　　　　　　　　　　　矿渣粉技术要求表

项　目		级　别		
		S105	S95	S75
密度/(g/cm³)		≥2.8		
比表面积/(m²/kg)		≥500	≥400	≥300
活性指数/%	7d	≥95	≥75	≥55
	28d	≥105	≥95	≥75
流动度比/%		≥95		
含水量/%		≤1.0		
三氧化硫（SO₃）/%		≤4.0		
氯离子含量（Cl⁻）/%		≤0.06		
烧失量/%		≤3.0		
玻璃体含量/%		≥85		
放射性		合格		

2.2.2.2　应用

矿渣粉混凝土可用作一般建筑工程的钢筋混凝土、预应力混凝土和素混凝土。大掺量矿渣粉混凝土适宜于大体积、地下、水下和海水中等混凝土工程。矿渣粉可配制高强度、高性能和道路桥梁混凝土，以及泵送、塑性和干硬性等各种用途的混凝土。

矿渣粉活性比粉煤灰高，掺量可以比粉煤灰混凝土高些。一般掺量在 30％～70％之间。具体掺量可以通过试验确定。

矿渣粉混凝土拌和浇筑工艺与普通混凝土相同，拌和时间可适当延长 10～20s，以保证拌和均匀。

矿渣粉混凝土浇筑后应加强养护，湿养护时间不少于 7d，低温施工时还应做好保温保湿养护，养护时间不少于 21d。

2.2.3 磷渣粉

凡用电炉法制黄磷时，所得到的以硅酸钙为主要成分的熔融物，经淬冷成粒，即粒化电炉磷渣，简称磷渣。磷渣粉是以粒化电炉磷渣磨细加工制成的粉末。

磷渣粉作为混凝土掺合料在大中型水电工程（如大朝山、索风营等）中得到了成功应用。在混凝土中掺磷渣粉，不仅有利于保护环境，节约水泥，降低混凝土的水化热温升，简化混凝土的温控措施，实现快速施工，而且能够提高混凝土的抗拉强度和抗裂性能，改善混凝土耐久性能，获得较大的技术经济效益。

2.2.3.1 技术要求

根据《水工混凝土掺用磷渣粉技术规范》（DL/T 5387）的规定，磷渣粉技术要求见表 2-30。

表 2-30 磷渣粉技术要求表

项　　目	技　术　要　求
质量系数 K 值	≥1.10
比表面积/(m²/kg)	≥300
需水量比/％	≤105
三氧化硫（SO₃）/％	≤3.5
含水量/％	≤1.0
安定性	合格
五氧化二磷（P₂O₅）/％	≤3.5
烧失量/％	≤3.0
活性指数/％	≥60
氟含量（F）	必要时检测
放射性	应符合《建筑材料放射性核素限量》（GB 6566—2010）的要求
均匀性	用比表面积作为考核依据

2.2.3.2 应用

根据《水工混凝土掺用磷渣粉技术规范》（DL/T 5387）中的规定：

（1）掺磷渣粉混凝土的设计强度、强度保证率、标准差等指标，应与不掺磷渣粉的混凝土相同，按有关规定取值。

（2）掺磷渣粉混凝土的强度、抗渗、抗冻等设计龄期，应根据建筑物类型和承载时间确定，宜采用较长的设计龄期。

（3）掺磷渣粉的混凝土宜采用硅酸盐水泥和普通硅酸盐水泥。永久建筑物水工混凝土磷渣粉最大掺量应符合表 2-31 中的规定。超过此限量，应通过试验论证。其他工程混凝土可参照执行。

表 2-31   磷 渣 粉 最 大 掺 量 表

混 凝 土 种 类		磷渣粉最大掺量/%		
		硅酸盐水泥	普通硅酸盐水泥	矿渣硅酸盐水泥
重力坝碾压混凝土	内部	65	60	35
	外部	60	55	30
重力坝常态混凝土	内部	50	45	30
	外部	35	30	20
拱坝碾压混凝土		60	55	30
拱坝常态混凝土		35	30	20
面板混凝土		30	25	—
结构混凝土		30	25	—
抗冲磨混凝土		25	20	—

注　中热硅酸盐水泥、低热硅酸盐水泥混凝土的磷渣粉最大掺量与硅酸盐水泥混凝土相同；低热矿渣硅酸盐水泥混凝土的磷渣粉最大掺量与矿渣硅酸盐水泥（P·S·A）混凝土相同。

（4）掺磷渣粉的混凝土配合比设计按《水工混凝土配合比设计规程》（DL/T 5330）的规定执行。

（5）掺磷渣粉混凝土的胶凝材料用量应符合《水工碾压混凝土施工规范》（DL/T 5112）及《水工混凝土施工规范》（DL/T 5144）的规定。

（6）磷渣粉与水泥、外加剂的适应性应通过试验论证。

（7）掺磷渣粉混凝土拌和物应搅拌均匀，适当延长搅拌时间，搅拌时间应通过试验确定。

（8）掺磷渣粉混凝土的凝结时间应满足施工要求。

（9）掺磷渣粉混凝土浇筑时不应漏振或过振，振捣后的混凝土表面不应出现明显的浮浆层。

（10）掺磷渣粉混凝土的暴露面应潮湿养护，宜适当延长养护时间。

（11）掺磷渣粉混凝土在低温施工时应注意表面保温，拆模时间应适当延长。

2.2.4 钢渣粉

钢渣粉是由符合《用于水泥中的钢渣》（YB/T 022—2008）规定的转炉或电炉钢渣（简称钢渣），经磁选除铁处理后粉磨达到一定细度的产品。

根据《用于水泥和混凝土中的钢渣粉》（GB/T 20491—2006）的规定，钢渣粉技术要求见表 2-32。

表 2-32		钢 渣 粉 技 术 要 求 表	
项 目		一 级	二 级
比表面积/(m²/kg)		≥400	
密度/(g/cm³)		≥2.8	
含水量/%		≤1.0	
游离氧化钙含量/%		≤3.0	
三氧化硫含量/%		≤4.0	
碱度系数		≥1.8	
活性指数/%	7d	≥65	≥55
	28d	≥80	≥65
流动度比/%		≥90	
安定性	沸煮法	合格	
	压蒸法	当钢渣中 MgO 含量大于 13% 时应检验合格	

2.2.5 硅粉

硅粉亦称硅灰，是从冶炼硅铁和其他硅金属工厂的废烟气中经收尘装置收集而得的粉尘。硅粉的颗粒极细，是水泥粒径的 1/50～1/100，其主要成分是二氧化硅。硅粉掺入混凝土中，能改善新拌混凝土的泌水性和黏聚性，大幅度提高混凝土的强度及抗渗、抗冲磨、抗空蚀等性能。

2.2.5.1 硅粉掺合料对混凝土性能的影响

由于硅粉颗粒极细，比表面积大，需水性为普通水泥的 130%～150%，混凝土流动性随硅粉掺量增加而减少。为了保持混凝土流动性，需与高效减水剂同时使用。硅粉可大大改善混凝土黏聚性和保水性，用于喷混凝土施工可大大减少回弹量。

硅粉活性很高，与高效减水剂联合使用时，可显著提高混凝土抗压强度。硅粉能改善混凝土的微孔结构，提高混凝土的抗冻、抗渗、抗冲磨、抗侵蚀性能，还具有抑制碱骨料反应和防止钢筋锈蚀的作用。

2.2.5.2 水工混凝土对硅粉的技术要求

根据《高强高性能混凝土用矿物外加剂》(GB/T 18736—2002) 的规定，硅粉技术要求见表2-33。

2.2.5.3 应用

水工混凝土硅粉掺量一般在 8%～12% 之间。硅粉混凝土塑性收缩和早期干缩大，为了防止裂缝的出现，应加强早期保湿和延长养护时间。早期保湿可用塑料薄膜或养护剂覆盖，或用喷雾减少水分蒸发来减少塑性开裂。拌和混凝土时可先将硅粉配制成浆液再加入混凝土中拌和，可减少干缩。也可用膨胀剂补偿早期收缩。

2.2.6 火山灰质掺合料

凡天然的或人工的以氧化硅、氧化铝为主要成分的矿物质材料，本身磨细加水拌和并不硬化，但与气硬性石灰混合后，再加水拌和，则不但能在空气中硬化，而且能在水中继续硬化被称为火山灰质掺合料。

表 2-33   硅 粉 技 术 要 求 表

项　目	指　标
二氧化硅/%	≥85
含水率/%	≤3.0
烧失量/%	≤6
氯离子/%	≤0.02
比表面积/(m²/kg)	≥15000
需水量比/%	≤125
活性指数（28d）/%	≥85

2.2.6.1　火山灰质掺合料的分类

用作混凝土掺合料❶的火山灰质材料按成因可分为天然和人工火山灰质材料两类。

（1）天然火山灰质掺合料。

1）火山灰。火山喷发的细粒碎屑的疏松沉积物。

2）凝灰岩。由火山灰沉积形成的致密岩石。

3）浮石。火山喷出的多孔的玻璃质岩石。

4）沸石岩。凝灰岩经环境介质作用而形成的一种以碱或碱土金属的含铝硅酸盐矿物为主的岩石。

5）硅藻土和硅藻石。由极细致的硅藻介壳聚集、沉积形成的生物岩石，一般硅藻土呈松土状。

（2）人工火山灰质掺合料。

1）煤矸石。煤层中炭质页岩经自燃或煅烧后的产物。

2）烧页岩。页岩或油母页岩经自燃或煅烧后的产物。

3）烧黏土。黏土经煅烧后的产物。

4）煤渣。煤炭燃烧后的残渣。

5）硅质渣。由矾土提取硫酸铝的残渣。

2.2.6.2　技术要求

用于混凝土掺合料的技术要求可参照《用于水泥中的火山灰质混合材料》（GB/T 2847—2005）及《水工混凝土掺用天然火山灰质材料技术规范》（DL/T 5273—2012）的规定执行。具体技术要求为：

（1）细度（45μm方孔筛筛余）：不大于25.0%。

（2）烧失量：不大于10.0%。

（3）需水量比：不小于115%。

（4）三氧化硫：不大于4.0%。

（5）安定性：合格。

---

❶ 参见《用于水泥中的火山灰质混合材料》（GB/T 2847—2005）。

(6) 水泥胶砂 28d 抗压强度比：不小于 60%。

(7) 放射性：符合《建筑材料放射性核素限量》(GB 6566) 的规定。

2.2.7　岩粉

凡将天然岩石磨细制成的粉末为岩粉（或石粉）。常用的岩粉掺合料有石灰岩粉等。

在我国水工混凝土行业，石粉被定义为砂料中粒径小于 0.16mm 的颗粒含量。石粉在一定掺量范围内能发挥填充密实和微集料效应作用，具有加速水泥早期水化，改善新拌混凝土的和易性，提高混凝土的强度和抗渗性能，减小温度应力、提高混凝土抗裂性能的作用。在其他掺合料较难获得的地区，可考虑就地取材，选用石粉作为混凝土掺合料，并通过试验确定石粉的合适掺量。

2.2.8　复合掺合料

两种或两种以上掺合料按一定比例复合形成的粉体材料，称为复合掺合料。

随着混凝土技术的发展，对混凝土材料的施工性能和使用性能的要求也不断提高，特别是对混凝土材料的流动性和耐久性提出了更高的要求。掺单一掺合料较难满足混凝土高性能的要求，根据复合材料的"超叠效应（Synergistic）"原理，将不同种类掺合料以合理的搭配、合适的比例和掺量掺入混凝土，可充分发挥各种掺合料的作用和特点，改善和提高混凝土的性能。掺合料间的比例和掺量必须通过试验来确定。

2.3　骨料

2.3.1　骨料的分类
2.3.1.1　细骨料

一般把粒径小于 5mm 的岩石颗粒称为细骨料。按形成条件分为天然砂、人工砂；按细度模数 F.M 分为粗砂（F.M=3.7~3.1）、中砂（F.M=3.0~2.3）、细砂（F.M=2.2~1.6）、特细砂（F.M=1.5~0.7）。

2.3.1.2　粗骨料

在自然条件作用下形成的粒径大于 5mm 的岩石颗粒称为卵石。由天然岩石或卵石经破碎、筛分而得的粒径大于 5mm 的颗粒称为碎石。水工混凝土所用的粗骨料一般分为特大石（150~80mm 或 120~80mm）、大石（80~40mm）、中石（40~20mm）、小石（20~5mm）四级。

2.3.2　骨料的质量要求
2.3.2.1　质量要求

骨料必须是坚硬、致密、耐久、无裂隙；骨料中的杂质含量不得超过《水工混凝土施工规范》(DL/T 5144—2001) 的限制。粗、细骨料质量要求见表 2-34 和表 2-35。

2.3.2.2　骨料的级配及细度模数

细骨料的细度模数一般应在 2.2~3.0 之间，施工时宜控制在 2.6±0.2，细骨料颗粒级配范围应符合表 2-36 要求，粗骨料级配参考范围见表 2-37。

表 2－34　　　　　　　　　　　　粗骨料的质量要求表

项　　目	指　　标	备　　注
含泥量/%	≤1	D20、D40 粒径级
	≤0.5	D80、D150（或 D120）粒径级
泥块含量	不允许	
坚固性/%	≤5	有抗冻要求的混凝土
	≤12	无抗冻要求的混凝土
硫化物及硫酸盐含量/%	≤0.5	
有机质含量	合格	
表观密度/(kg/m³)	≥2550	
吸水率/%	≤2.5	
针片状颗粒含量/%	≤15	经试验论证，可以放宽至 25%

表 3－35　　　　　　　　　　　　细骨料（砂）质量要求表

项　　目	指　标	备　　注
人工砂中石粉含量/%	6～18	石粉是指粒径小于 0.16mm 的颗粒。当用于碾压混凝土时，人工砂中的石粉含量可以放宽到 22%
天然砂中含泥量/%	≤3	≥C₉₀30 和有抗冻要求的
	≤5	<C₉₀30
泥块含量	不允许	
坚固性/%	≤8	有抗冻要求的混凝土
	≤10	无抗冻要求的混凝土
表观密度/(kg/m³)	≥2500	
硫化物及硫酸盐含量/%	≤1	按质量折算成 SO₃
有机质含量	合格	
云母含量/%	≤2	
轻物质含量/%	≤1	
含水率/%	≤6	人工砂饱和面干的含水率

表 2－36　　　　　　　　　　　　细骨料颗粒级配范围表

公称粒径/mm ＼ 级配区	累计筛余/%		
	Ⅰ区	Ⅱ区	Ⅲ区
5.00	10～0	10～0	10～0
2.50	35～5	25～0	15～0
1.25	65～35	50～10	25～0
0.630	85～71	70～41	40～16
0.315	95～80	92～70	85～55
0.160	100～90	100～90	100～90

表 2-37   **粗骨料级配参考范围表**

骨料最大粒径 /mm	各级石子重量比例/%				总计 /%
	5~20mm	20~40mm	40~80mm	80~150mm 或 80~120mm	
40	40~60	40~60			100
80	25~35	25~35	35~50		100
150(120)	15~25	15~25	20~35	25~40	100

2.3.2.3 其他性能要求

（1）粗骨料的强度要求：采用直径与高均为 50mm 的圆柱体或长、宽、高均为 50mm 的立方体岩石样品进行试验。在水饱和状态下，其抗压强度不应低于 45MPa，与混凝土抗压强度之比不应小于 1.5 倍。用压碎指标控制时，碎石或卵石压碎指标与混凝土强度等级的关系应符合表 2-38 要求。

表 2-38   **碎石或卵石压碎指标与混凝土强度等级的关系表**

骨料类别		压碎指标值/%	
		C55~C40	≤C35
碎石	沉积岩	≤10	≤16
	变质岩或深成的火成岩	≤12	≤20
	喷出的火成岩	≤13	≤30
卵石		≤12	≤16

（2）骨料的弹性模量：在一般情况下，骨料的弹性模量越高，则用这种骨料制成的混凝土弹性模量也越高。各种岩石的弹性模量变化很大，即使同一种岩石其弹性模量也有很大变化。强度越高的骨料其弹性模量也越高。选择水工混凝土骨料时，不能认为强度越高越好，而应考虑既能提高混凝土抗裂能力，又能满足强度、抗冻、耐磨及抗风化等性能要求。

（3）热膨胀系数：在骨料中由于矿物含量不同，热膨胀系数变化很大。石英岩和其他硅质骨料一般有较高的热膨胀系数；石灰岩和某些花岗岩热膨胀系数较低。选用热膨胀系数较低的骨料对防止混凝土裂缝是有利的。为了提高混凝土的抗冻耐久性，则宜选用与水泥砂浆热膨胀系数接近的骨料。

（4）碱活性骨料：能与水泥中的碱发生化学反应，引起混凝土膨胀开裂，甚至破坏的骨料即为碱活性骨料，这种化学反应称为碱骨料反应。碱骨料反应有三种类型：

1）碱—硅酸反应。碱与骨料中活性 SiO_2 发生反应，生成碱—硅酸凝胶，并吸水膨胀，致使混凝土开裂。

2）碱—硅酸盐反应。碱与某些层状硅酸盐骨料反应，使层状硅酸盐层间距离增大，骨料发生膨胀，造成混凝土膨胀开裂。

3）碱—碳酸盐反应。碱与泥质石灰石质白云岩反应造成混凝土膨胀开裂。

为避免混凝土产生碱骨料反应，有条件时宜优先选用非碱活性骨料，如必须使用碱活性骨料时，要求限制水泥碱含量（$Na_2O+0.658K_2O$）不超过 0.6%。掺入一定数量的粉煤灰、矿渣粉、硅粉等掺合料，可抑制碱骨料反应，但碱—碳酸盐反应除外。常见的活性骨料有玉髓、燧石、蛋白石、白云石等。

2.3.3 骨料的选用

（1）砂石料以就地取材为原则。

（2）应充分利用符合质量要求的工程开挖料加工骨料。天然骨料级配不合理，如弃料较多时，宜破碎加工予以利用。

（3）在施工条件许可的情况下，粗骨料的最大粒径应尽量采用较大值，以节约胶凝材料用量。

2.4 外加剂

混凝土外加剂是一种除水泥、砂、石和水之外在混凝土拌制之前或拌制过程中掺入的，以控制量加入的、用于改善新拌和（或）硬化混凝土性能的材料。

2.4.1 外加剂主要品种及功能

按《混凝土外加剂定义、分类、命名与术语》（GB/T 8075—2005）的分类，混凝土外加剂按其主要功能可分为四类：

（1）改善混凝土拌和物流变性能的外加剂包括：各种减水剂、引气剂和泵送剂等。

（2）调节混凝土凝结、硬化性能的外加剂包括：缓凝剂、早强剂、速凝剂等。

（3）改善混凝土耐久性的外加剂包括：引气剂、减缩剂和阻锈剂等。

（4）改善混凝土其他性能外加剂包括：膨胀剂、防冻剂等。

水工混凝土常用外加剂主要功能和主要品种见表 2-39。根据特殊需要，也掺用其他种类的外加剂，如防水剂、碱-集料反应抑制剂、增稠剂、着色剂等。

表 2-39 常用外加剂主要功能和主要品种表

种 类		主 要 功 能	主 要 品 种
减水剂	普通减水剂	能在混凝土坍落度基本不变的条件下使拌和用水量减少 8% 以上的外加剂	（1）木质素磺酸盐类：如木钙、木钠等； （2）腐殖酸盐：如磺化腐殖酸钠； （3）糖蜜类：如糖蜜减水剂
	高效减水剂	在混凝土坍落度基本相同的条件下，使拌和用水量减少 14% 以上的外加剂	（1）萘系高效减水剂； （2）氨基磺酸盐类； （3）脂肪族类减水剂； （4）三聚氰胺类减水剂
	高性能减水剂	比高效减水剂具有更高减水率（大于 25%）、更好坍落度保持性能、较小干燥收缩，且具有一定引气性能的减水剂	（1）聚羧酸酯类减水剂； （2）聚羧酸醚类减水剂

种　类		主　要　功　能	主　要　品　种
引气剂及引气减水剂	引气剂	在搅拌混凝土过程中能引入大量均匀分布、稳定而封闭的微小气泡且能保留在硬化混凝土中的外加剂	(1) 松香树脂类； (2) 烷基苯磺酸盐类； (3) 皂甙类
	引气减水剂	兼有引气和减水功能的外加剂	各类引气剂和减水剂组成的复合外加剂
缓凝剂及缓凝减水剂	缓凝剂	延长混凝土凝结时间的外加剂	(1) 糖类及碳水化合物：葡萄糖、蔗糖、糖蜜等； (2) 羟基羧酸及其盐类：柠檬酸（钠）、酒石酸（钾、钠）、葡萄糖酸（钠）等； (3) 多元醇及其衍生物：山梨醇、木糖醇、甘露醇等； (4) 无机酸及其盐：硼酸及其盐类、氟硅酸盐、锌盐、镁盐等； (5) 有机磷酸及其盐类：ATMP、PBTC、DTPMP及其盐类
	缓凝减水剂	兼有缓凝和减水功能的外加剂	各类缓凝组分和普通减水剂组成的复合外加剂
	缓凝高效减水剂	兼有缓凝功能和高效减水剂功能的外加剂	各类缓凝组分和高效减水剂组成的复合外加剂
	缓凝高性能减水剂	兼有缓凝功能和高性能减水剂功能的外加剂	各类缓凝组分和高性能减水剂组成的复合外加剂
早强剂及早强减水剂	早强剂	加速混凝土早期强度发展的外加剂	(1) 氯盐类：氯化钙、氯化钠等； (2) 硫酸盐类：硫酸钠等； (3) 有机胺类：三乙醇胺、三异丙醇胺； (4) 其他：甲酸盐等
	早强减水剂	兼有早强和减水功能的外加剂	各类早强组分和减水剂组成的复合外加剂
泵送剂		能改善混凝土拌和物泵送性能的外加剂	减水剂与缓凝剂、保塑剂、引气剂等的复合产品
防冻剂		能使混凝土在负温下硬化，并在规定养护条件下达到预期性能的外加剂	(1) 强电解质无机盐类：氯化钠、亚硝酸钠等； (2) 水溶性有机化合物类防冻剂：尿素、乙二醇、甘油、丙二醇等； (3) 有机无机复合类； (4) 复合型防冻剂：以防冻组分复合早强、引气、减水等组分的外加剂

种　类	主　要　功　能	主　要　品　种
膨胀剂	在混凝土硬化过程中因化学作用能使混凝土产生一定体积膨胀的外加剂	(1) 硫铝酸钙类膨胀剂； (2) 氧化镁型膨胀剂； (3) 石灰系膨胀剂； (4) 铁粉系膨胀剂； (5) 复合型膨胀剂
减缩剂	减少混凝土早期和后期收缩的外加剂	(1) 低分子多元醇类； (2) 烷基聚醚类； (3) 聚合物类
速凝剂	能使混凝土迅速凝结硬化的外加剂	(1) 以铝氧熟料为主体的速凝剂； (2) 水玻璃类速凝剂； (3) 铝酸盐液体速凝剂； (4) 新型无机低碱速凝剂； (5) 新型液体无碱速凝剂
阻锈剂	能抑制或减轻混凝土中钢筋或其他金属预埋件锈蚀的外加剂	(1) 阳极型：亚硝酸钠、亚硝酸钙等； (2) 阴极型：磷酸盐、高级脂肪酸盐； (3) 复合型
水分蒸发抑制剂（减蒸剂）	能减少恶劣施工条件下（高温、低湿和大风）塑性混凝土表面水分蒸发的外加剂	能在塑性混凝土表面形成致密的单分子膜的混合物
水下不分散剂	能使混凝土拌和物在水中不被分离的外加剂	(1) 无机高分子：聚合硫酸铝、聚合氯化铝等； (2) 有机高分子：聚丙烯酰胺、纤维素醚类衍生物等

2.4.2 减水剂

（1）定义及分类。混凝土减水剂是指在混凝土和易性及水泥用量不变条件下，能减少拌和用水量、提高混凝土强度；或在和易性及强度不变条件下，节约水泥用量的外加剂。混凝土减水剂主要分为三大类：普通减水剂、高效减水剂和高性能减水剂。其中普通减水剂的减水率在8%～15%，高效减水剂的减水率略高，达到15%以上，而高性能减水剂不仅具有较高的减水率比高效减水剂（大于25%）、而且具有较好的坍落度保持性能、较小干燥收缩，同时具有一定引气性能。

1）普通减水剂。按照《混凝土外加剂》（GB 8076）和《水工混凝土外加剂技术规程》（DL/T 5100）的要求，普通减水剂可分为标准型减水剂、早强型减水剂、缓凝型减水剂，使用这些减水剂的合格品，拌和水量至少减少8%。用于生产普通减水剂的主要原材料主要有几种：木质素磺酸盐、羟基羧酸盐、腐殖酸盐、糖蜜及其他有机化合物等。国内水工混凝土最常用的普通外加剂主要有木质素磺酸盐系减水剂、糖蜜类减水剂及由其形成的复合减水剂等。

2) 高效减水剂。高效减水剂是指在混凝土工作性大致相同时，具有较高减水率的一种外加剂，也是当前使用最广的一种外加剂，减水率可达 15% 以上。我国高效减水剂品种较多，按化学成分可以分为七类：①以萘或甲基萘为原料合成的萘磺酸盐甲醛缩合物，简称萘系高效减水剂，属于阴离子表面活性剂；②以三聚氰胺为原料合成的磺化三聚氰胺甲醛缩合物，简称蜜胺树脂系或三聚氰胺系高效减水剂；③以蒽油为原料合成的聚次甲基蒽磺酸钠；④以对氨基苯磺酸钠和苯酚为原料合成的氨基磺酸盐系高效减水剂；⑤以丙酮为原料合成的脂肪族高效减水剂；⑥以古马隆树脂为原料的氧茚树脂磺酸钠减水剂；⑦以栲胶为原材料合成的高效减水剂。

3) 高性能减水剂。高性能减水剂是一种新型的外加剂，国外早在 20 世纪 90 年代开始研发并应用，而我国起步较晚，在 21 世纪初开始研发。它具有比萘系等高效减水剂更高的减水率，更好的坍落度保持性能，并具有一定的引气性和较小的混凝土收缩。目前，我国开发的高性能减水剂以聚羧酸盐为主，根据聚醚侧链与主链键结方式的不同可将聚羧酸盐分为三大类：即 I 类是聚醚侧链以酯键 （ —C（=O）—O— ） 和主链相连的接枝共聚物，如（甲基）丙烯酸聚醚酯的共聚物或马来酸酐聚醚酯共聚物；II 类是聚醚侧链以醚键（ —O— ） 和主链相连的接枝共聚物，如（甲基）烯丙醇聚醚和不饱羧酸的共聚物或乙烯基聚醚和不饱羧酸的共聚物等；III 类是聚醚侧链以酯键 （ —C（=O）—O— ） 和醚（ —O— ） 混合键和主链相连的共聚物。但这些聚羧酸盐外加剂共同的结构特征是：主链上都含有羧酸基吸附基团 （ —C（=O）—O— ），侧链上链接有聚醚（PEO）侧链提供空间位阻，从而赋予聚羧酸外加剂优异的分散性能。

（2）技术要求。根据《混凝土外加剂》（GB 8076）、《水工混凝土外加剂技术规程》（DL/T 5100）等标准，掺普通减水剂、高效减水剂、高性能减水剂等常用减水剂混凝土性能要求见表 2-40。

表 2-40　　　　　　　　　常用减水剂混凝土的性能要求表

项　目		高性能减水剂			高效减水剂		普通减水剂		
		早强型	标准型	缓凝型	标准型	缓凝型	早强型	标准型	缓凝型
减水率/%		≥25	≥25	≥25	≥15	≥15	≥8	≥8	≥8
泌水率比/%		≤50	≤60	≤70	≤95	≤100	≤95	≤95	≤100
含气量/%		≤6.0	≤6.0	≤6.0	≤3.0	≤3.0	≤2.5	≤2.5	≤3.0
凝结时间差/min	初凝	−90~+90	−90~+120	>+90	−60~+90	+120~+240	≤+30	0~+90	−90~+120
	终凝			—	−60~+90	+120~+240	≤0	0~+90	−90~+120

项　目		高性能减水剂			高效减水剂		普通减水剂		
		早强型	标准型	缓凝型	标准型	缓凝型	早强型	标准型	缓凝型
1h经时变化量	坍落度/mm	—	≤80	≤60	—	—	—	—	—
	含气量/%	—	—	—	—	—	—	—	—
抗压强度比/%	1d	≥180	≥170	—	—	—	—	—	—
	3d	≥170	≥160	—	≥130	≥125	≥130	≥115	≥90
	7d	≥145	≥150	≥140	≥125	≥125	≥115	≥115	≥90
	28d	≥130	≥140	≥130	≥120	≥120	≥105	≥110	≥85
28d收缩率比/%		≤110	≤110	≤110	≤125	≤125	≤125	＜125	＜125
抗冻标号		≥50	≥50	≥50	≥50	≥50	≥50	≥50	≥50
对热学性能的影响		用于大体积混凝土时应说明对7d水化热或7d混凝土的绝热温升的影响							

注　1. 凝结时间差"—"表示凝结时间提前；"＋"表示凝结时间延缓。

　　2. 除含气量和抗冻标号两项试验项目外，表中所列数据为受检混凝土与基准混凝土的差值或比值。

　　3. 本表引自《水工混凝土外加剂技术规程》（DL/T 5100—1999），其中高性能减水剂部分引自《混凝土外加剂》（GB 8076—2008）。

（3）应用技术要点。综合减水剂的种类，用于水工混凝土的减水剂主要有：普通减水剂（如木质素磺酸盐系减水剂、糖蜜类减水剂）；高效减水剂（如萘系高效减水剂）和高性能减水剂。

1）普通减水剂。木质素磺酸盐具有一定的引气性（引气量2%～3%）和缓凝作用。糖蜜类减水剂具有较强的缓凝性，但属于非引气缓凝型减水剂。普通减水剂在应用的过程中应注意以下方面内容：

A. 糖蜜类缓凝减水剂由于能延缓水泥的水化和结晶过程，显著降低水泥的水化热，因而可使混凝土中的内部裂缝较少或得到控制，这对于大体积混凝土基础及水工大坝具有重要意义。

B. 普通减水剂，特别是糖蜜类减水剂，具有较强的缓凝作用，低温下缓凝效果更强。因此，掺普通减水剂的混凝土浇筑后，需要较长时间才能形成一定的结构强度，故一般不宜单独用于有早强要求的混凝土。

C. 普通减水剂适用于日最低气温在＋5℃以上的混凝土施工，低于＋5℃时与早强剂复合（早强减水剂）使用。

D. 普通减水剂的适宜掺量为水泥质量的0.2%～0.3%，随气温升高可适当增加掺量，但不能超过0.5%。木质素磺酸盐掺量过大会导致混凝土严重缓凝，甚至不硬化等现象，且应注意混凝土含气量是否超过设计要求。糖蜜类减水剂超掺时除要注意超缓凝外，还可能发生促凝现象，应在工程应用中注意。

E. 普通减水剂宜以溶液的形式掺入，可与拌和水同时加入搅拌机内。糖蜜类减水剂为液态时，有不均匀沉底现象，故使用前要作适当搅拌。

F. 当普通减水剂与高效减水剂复配时，应注意其中钙离子与硫酸根离子反应生成硫酸钙沉淀，应加强减水剂的搅拌，以保证减水剂的均质性。硫酸钙沉淀的生成不影响减水剂性能的发挥。

G. 木质素磺酸盐减水剂在应用前要与水泥做适应性试验，当水泥中采用硬石膏做缓凝剂时宜造成混凝土假凝现象。

2）高效减水剂。高效减水剂掺量为水泥质量的 0.3%～1.5%，最佳掺量为 0.5%～1.0%，减水率在 15%～30% 之间。高效减水剂对不同品种水泥的适应性强，可配制早强、高强和蒸养混凝土，也可以配制免振捣自密实混凝土。高效减水剂在应用的过程中应注意以下方面内容：

A. 萘系高效减水剂中硫酸钠含量差异使其有低浓、高浓之分，低浓产品硫酸钠含量高、碱含量高，在有碱活性骨料的混凝土中应用时应加以注意。

B. 脂肪族类高效减水剂减水能力较高，但外加剂呈深红色，易造成混凝土呈微红色，影响外观质量。

C. 氨基磺酸盐类减水剂减水能力强，但易造成混凝土泌水，并且与其他高效减水剂复合保坍效果明显。

D. 三聚氰胺类减水剂早强效果好、混凝土外观质量佳，易配制预制构件混凝土。

3）高性能减水剂。与掺萘系等第二代高效减水剂的混凝土性能相比，掺聚羧酸系高性能减水剂的混凝土具有显著的性能特点。从聚羧酸和萘系外加剂总体性能比较来看（见表 2-41），聚羧酸外加剂掺量低、减水率高、保坍性好、增强效果好、而且能有效降低混凝土的干燥收缩。而且羧酸类接枝共聚物分子结构可变性大，可以根据用户不同的性能要求，设计不同的产品，满足不同的工程需要。特别适用于配制 C30～C100 的高流态、高保坍、高强甚至超高强的混凝土工程。适用于原子能发电厂，高速铁轨，液化天然气保管用储存罐，超高层大厦，桥梁等混凝土工程。

表 2-41　　　　高性能聚羧酸减水剂和萘系外加剂总体性能比较表

项　　目	萘　　系	聚　羧　酸
掺量/%	0.3～1.0	0.10～0.4
减水率/%	15～25	最高可达 60
保坍性能	坍损大	90min 基本不损失
增强效果/%	120～135	140～250
收缩率/%	120～135	80～115
结构可调性	不可调	结构可变性多，高性能化潜力大
作用机理	静电排斥	空间位阻为主
钾、钠离子含量/%	5～15	0.2～1.5
环保性能及其他有害物质含量	环保性能差，生产过程使用大量甲醛、萘等有害物质，成品中也还有一定量的有害物质	生产和使用过程中均不含任何有害物质，环保性能优异

聚羧酸系减水剂被作为一种高性能减水剂，但由于工程应用中原材料、配合比、设计要求的差异也给聚羧酸减水剂的应用带来这样那样的问题，而且有些问题还是使用其他品种减水剂时所从未遇到的，如混凝土拌和料异常干涩、无法卸料，或者混凝土拌和料分层

严重等。聚羧酸高性能减水剂在应用的过程中应注意以下方面内容：

A. 减水效果对混凝土原材料和配合比的依赖性大。聚羧酸系减水剂被证实在较低掺量情况下就具有较好的减水效果，其减水率比其他品种减水剂大得多。但必须注意的是，与其他减水剂相比，聚羧酸系减水剂的减水效果与试验条件的关系更大。

聚羧酸系减水剂的减水效果与混凝土中水泥用量关系很大。曾经采用相同的掺量对同一减水剂进行试验，当基准混凝土用水量分别为 $330kg/m^3$、$350kg/m^3$、$380kg/m^3$、$420kg/m^3$ 时，减水率分别为 18%、22%、28%、35%。由于聚羧酸系减水剂和萘系本身结构及分散作用机理的不同，当添加到混凝土中，表现出来的混凝土状态也大不相同，对其性能的检测方法和标准也应该有所不同。当采用《混凝土外加剂》（GB 8076—2008）检验时，聚羧酸系减水剂所配制的混凝土发散和离析，尤其是在掺量较高时，水泥浆体对集料不能产生良好的包裹，混凝土和易性差，坍落度不能良好表达减水剂的减水效果，甚至得出相反的结论。混凝土中集料的颗粒级配以及砂率，对聚羧酸系减水剂的减水效果影响也非常大。试验证明，其他条件都不变，仅砂率在 40%～50% 之间变化时，同种聚羧酸系减水剂的减水率最大可相差 4%。另外聚羧酸系减水剂和其他减水剂一样，减水率还取决于搅拌工艺，如果采用手工拌和，测得的减水率往往比机械低 2～4 个百分点。如果混凝土中掺加掺合料，减水效果当然取决于掺合料的品种和掺量。对于大掺量的掺合料混凝土，聚羧酸系减水剂的减水效果更加优于萘系减水剂。

B. 减水、保坍效果对减水剂掺量的依赖性大。大量的试验表明，聚羧酸系减水剂的减水效果对其掺量的依赖性很大，且随着胶凝材料用量的增加，这种依赖性更大。在胶凝材料用量相同的情况下，聚羧酸系减水剂的减水效果与掺量的关系总的来说是随着减水剂掺量增加而增大，但当胶凝材料用量低的情况下，到了一定的掺量后甚至出现随掺量增加，减水效果反而"降低"的现象。这并不是说掺量增加其减水作用下降了，而是因为此时的混凝土出现严重的离析、泌水现象，混凝土拌和物板结，流动性难以用坍落度法反映。

尽管保坍性能好是聚羧酸系高性能减水剂的显著特点之一，但保坍总是同聚羧酸外加剂的掺量相关的。在中、低强度等级的混凝土中，聚羧酸外加剂在掺量低的条件下（固体掺量不大于 0.15%）就能满足用水量和坍落度的要求，但此时新拌混凝土的坍落度保持能力较弱。此时，可以通过复配缓凝剂或聚羧酸系保坍组分，甚至可以通过调整分子结构来加以解决。

C. 配制的混凝土拌和物性能对用水量极为敏感。由于采用聚羧酸减水剂后混凝土的用水量大幅度降低，单方混凝土的用水量大多在 130～165kg，水胶比为 0.3～0.4，甚至达到 0.2。在低用水量的情况下，加水量波动可能导致坍落度变化很大，然而对强度的影响较小。正因为用水量对坍落度作用敏感，在测试掺聚羧酸减水剂混凝土的坍落度损失时，由于地板、工具、蒸发等引起的失水以及砂子含水率的波动更容易造成误差，尤其是在低坍落度或水胶比低的情况下更为明显。

D. 与其他品种减水剂的相容性很差，无叠加的作用效果。大量试验和工程应用表明，传统的木质素磺酸钙（钠）、萘磺酸盐甲醛缩合物、多环芳烃磺酸盐甲醛缩合物、三聚氰胺甲醛缩合物以及氨基磺酸盐甲醛缩合物等减水剂，完全可以相互复合掺加，以满足不同工程的特殊配制要求，或获得更好的经济性。这些减水剂复配使用都能达到叠加的使用效果，且这些减水剂的溶液都可以互溶。但聚羧酸系减水剂与其他品种的减水剂复合使用却得不到叠加的效果，且聚羧酸系外加剂溶液与其他品种的减水剂溶液的互溶性本身就很差。目前的实践和研究证明，聚羧酸系减水剂能与木质素磺酸盐减水剂复配使用。此外也有人研究认为可以与脂肪族高效减水剂、三聚氰胺系减水剂复合使用，不同的研究有时得到的结论不尽相同。但掺加聚羧酸系减水剂的混凝土碰到极少量的萘系减水剂或者是它们的复配产品，都可能会出现流动性变差、用水量增加、流动性损失严重、混凝土拌和物十分干涩甚至难以卸料等现象，其最终的强度、耐久性将受到影响。

因此，聚羧酸外加剂在使用过程中不应与萘磺酸盐减水剂复配，当与其他外加剂品种同时使用时，应预先进行适应性试验。

E. 与其他改性组分的相容性较差。由于聚羧酸系高效减水剂分子结构和作用机理与传统外加剂截然不同，如果完全照搬过去传统减水剂的应用经验不但用处不大，有时甚至起到了相反的效果。如与萘系复配的羟基酸和多糖类缓凝剂就不能很好的解决聚羧酸外加剂的高温缓凝难题，柠檬酸钠也不适合用于聚羧酸系减水剂的缓凝，它不仅起不到缓凝作用，反而有可能促凝。再者，许多品种的消泡剂、引气剂、增稠剂也不适合于聚羧酸系减水剂。因此，聚羧酸系外加剂与其他改性组分配合使用时，应提前配制样品，考察其溶液均匀性和稳定性，再考虑其混凝土性能。

F. 减水和保坍受环境温度的影响大。聚羧酸系高性能减水剂在夏季减水率比冬季略高，保坍能力夏季略有降低；净浆试验时，冬季一般初始很低，但1h后会增加很大。

G. 搅拌方式和时间对聚羧酸系外加剂含气量影响大。江苏省建筑科学研究院研究了新旧搅拌机和搅拌时间对聚羧酸系外加剂含气量的影响规律。新搅拌机的效率高，C30混凝土含气量增加了2%～3%；而C40混凝土含气量增加了5%以上，而采用化学接枝消泡剂的技术途径，则含气量只增加了0.6%。当搅拌时间由3min变成2min后，C30混凝土的含气量下降了1.0%～2.2%，含气量越高，降低越明显。

H. 产品质量稳定性问题。

a. 聚羧酸高性能减水剂母液质量稳定性问题。由于不同企业生产时对原材料选择及技术路线不同，其聚羧酸高性能减水剂产品的颜色不尽相同，有的深，有的浅，有的偏红，有的偏黄，这种颜色差异是正常的，不会影响产品性能。此外，不同企业生产时对原材料选择及技术路线不同，其聚羧酸高性能减水剂产品的气味也不尽相同，有的基本无味；有的则有较强烈的刺激性气味，主要可能是聚合过程中单体聚合不完全，成品中还存在着未聚合的单体，这些单体的存在，除产生环保问题以外，也有可能影响混凝土的性能，因此生产厂家应采取措施减少未聚合的单体，消除气味。

b. 复配后的聚羧酸高性能减水剂质量稳定性问题。当加入了消泡剂、引气剂或缓凝、早强、防冻等组分时，一些复配的聚羧酸减水剂产品会呈现浑浊、变色、分散不良的现象，有的聚羧酸减水剂加入葡萄糖酸钠等缓凝组分后，在一定的温湿度条件下就会有霉点、异味，甚至长毛的现象发生，因此，可以加入一定的防腐剂、杀菌剂适当缓解上述现象。

I. 聚羧酸系高性能减水剂检测与应用脱节。按照目前的标准体系，判断减水剂产品是否合格，是以基准水泥为基础来判断的。而外加剂的准确效能主要取决以下几个因素：水泥种类、掺合料的种类与其性能、粗细集料的性能及其所含的杂质、混凝土配合比和混凝土拌和物的搅拌形式、搅拌时间、混凝土温度以及环境条件等。

这就产生了一个很大的矛盾：按国家标准检验合格的产品，不一定能用到实际工程中，而实际用于工程中的产品则很可能不能满足有关国家标准要求并很可能被判为不合格产品。这类矛盾在现场实际抽检时往往会出现，甚至会引起所谓的质量事故。这类矛盾由来已久，只是由于聚羧酸高性能减水剂的低掺量、高敏感性，使得这个矛盾更加突出。

由于聚羧酸高性能减水剂的高效能和低掺量导致其对原材料和环境条件的敏感性大大增加，所以，该类产品的现场技术支持就显得非常重要。对施工方而言：由于不同企业聚羧酸减水剂生产原材料的选择、配方、合成工艺、助剂、质量控制、复配技术等的差异，所生产的聚羧酸高性能减水剂产品性能、质量及稳定性不尽相同，因此，产品售后服务对施工方尤为重要。

此外，某些水泥品种的净浆流动度试验结果与其混凝土相关性较差，有时甚至出现截然相反的试验结果。因此，只做净浆试验是不够的，还应进一步做混凝土试验加以确认。相对净浆而言，砂浆减水率试验结果与其混凝土比较一致。

综上所述，减水剂在工程应用过程除应注意上述个性问题外还应注意下述共性问题：

a. 减水剂以溶液方式掺入为宜，但溶液中的水分应从水中扣除。

b. 在工程实践中，当减水剂的品种确定后，其掺量应根据使用要求、施工条件、混凝土原材料等具体情况，在减水剂最佳掺量范围内进行调整。以满足混凝土和易性要求为宜。

c. 不同品种的水泥，其细度、矿物组成及各矿物含量（特别是 C_3A 含量）、混合材种类及掺量、石膏种类及掺量、碱含量等不尽相同。因此，同一种类减水剂对不同品种的水泥，其效果不一样，即存在着高效减水剂与水泥的适应性问题。

d. 减水剂最常用的推荐使用方法是与拌和水一起加入。同一种减水剂，不同的掺入方式，其对混凝土的塑化效果可能不一样，应根据工程具体情况，选择合适的掺入方法。

2.4.3 引气剂

（1）定义及分类。引气剂作为一种表面活性剂具有浸润、乳化分散、起泡等性能，引气剂着重加强了的泡沫性能。若从表面活性剂理论来分类，引气剂同样可以分为阳离子、阴离子、非离子和两性离子等类型。实际应用中，使用较多的是阴离子表面活性剂，其他两类引气剂应用较少。按引气剂的生产原料分类可将引气剂分为松香类引气剂、皂甙（苷）类引气剂和其他类型引气剂。

1）松香类引气剂。松香类引气剂顾名思义，就是以松香为原料，通过各种改性工艺生产的混凝土引气剂。松香的改性方法很多，不同改性方法制得的松香衍生物的性能也各不相同。

2）皂甙（苷）类引气剂。皂甙（苷）类引气剂主要通过对含三萜皂甙物质进行热水抽提后制得，属于物理生产过程，国内生产皂甙（苷）类引气剂产品的厂家很多。皂甙（苷）类引气剂起泡性能较弱，掺量较大，混凝土达到相同含气量，皂甙（苷）类引气剂的掺量大约为松香类引气剂的3～4倍，加之原料价格较高，皂甙（苷）类引气剂的销量受到限制。

3）其他类型引气剂。某些石油化工和油脂行业的衍生物也可以作为混凝土引气剂，比如烷基和烷基芳烃磺酸盐类、脂肪醇磺酸盐类、妥尔油和动物油脂的钠盐。近年来，一种蛋白质引气剂产品也应用于引气剂行业，这种蛋白质引气剂主要通过水解牛、羊蹄获得，不过由于原料来源问题，没有获得大规模的应用。

（2）技术要求。根据《水工混凝土外加剂技术规程》（DL/T 5100—1999）的规定，掺入引气剂混凝土技术要求见表 2-42。

表 2-42 掺入引气剂混凝土技术要求表

试验项目	外加剂种类	引 气 剂	试验项目	外加剂种类	引 气 剂
减水率/%		≥6	28d 收缩率比/%		<125
含气量/%		4.5~5.5	抗冻标号		≥200
泌水率比/%		≤70	抗压强度比/%	3d	≥90
凝结时间差/min	初凝	−90~+120		7d	≥90
	终凝	−90~+120		28d	≥85
对钢筋锈蚀作用		应说明对钢筋有无锈蚀作用			
对热学性能影响		用于大体积混凝土时，应说明对 7d 水化热或 7d 混凝土绝热温升的影响			

注 1. 凝结时间差"−"表示凝结时间提前；"+"表示凝结时间延缓。
  2. 除含气量和抗冻标号两项试验项目外，表中所列数据为受检混凝土与基准混凝土的差值或比值。

（3）应用技术要点。引气剂的主要作用是改善混凝土和易性，减小拌和物的离析、泌水，提高混凝土的抗冻性及耐久性。因此，其广泛用于抗冻混凝土、抗渗混凝土、抗硫酸盐混凝土、贫混凝土、轻骨料混凝土、人工骨料配制的普通混凝土、高性能混凝土以及有饰面要求的混凝土。

在引气剂的性能符合标准性能要求的同时，混凝土的引气量及气孔分布特征不但受引气剂种类及掺量的影响，而且受其他许多因素的影响。因此，使用引气剂时需要注意下列事项：

1）引气剂宜以溶液掺加，使用时加入拌和水中，溶液中的水量应从拌和水中扣除，且实际使用时，还必须考虑水的硬度对含气量的影响。

2）引气剂配制溶液时，必须全部充分溶解，若有絮凝现象则应加热使其溶解。

3）混凝土原材料的性质，混凝土拌和物的配比及拌和、装卸、浇筑、环境温度，必须尽量保持稳定，才能使混凝土含气量的波动尽量小。当施工条件变化时，要相应增加或减少引气剂用量。

4）对含气量有考核要求的混凝土，施工时需要有规律地间隔时间进行现场测试，以控制含气量。并且在浇筑时要检测含气量，以避免在运输、装卸等过程中含气量损失产生误差。

5）由于近年来在施工中普遍采用高频振捣棒（频率 12000~19000 次/min），振捣力大大增加。在强大的振动力作用下，混凝土中气泡大量逸出，致使含气量下降。因此，在施工中要保持不同部位振捣时间均匀，并且同一部分振捣时间不宜超过20s。在试验室试验的振捣方式和时间长短要尽可能与现场一致。

6）掺引气剂的混凝土含气量增大，从而引起混凝土体积增大，故应在配合比设计中予以考虑，以保证混凝土的制成量和在比较试验中单位水泥用量不变，因此，在用假定容量法或绝对体积法计算配合比时，可根据湿容重或含气量的大小对配合比进行适当调整，以避免每立方米混凝土中实际水泥用量不足。

7）引气剂可与减水剂、早强剂、缓凝剂、防冻剂复合使用。复合使用前，应考察不同剂种相互间的性能影响。配制溶液时，如产生絮凝或沉淀等现象，应分别配制溶液并分别加入搅拌机内。

2.4.4 缓凝剂

（1）定义及分类。延长混凝土或砂浆初、终凝时间的外加剂称为缓凝剂。许多有机物和无机物及其衍生物均可作缓凝剂，许多有机物类缓凝剂兼有减水作用，缓凝和减水尚不能截然分开。按化学成分分类，缓凝剂通常有以下几类：

1）糖类及碳水化合物：葡萄糖、蔗糖、糖蜜、糖钙、果糖、半乳糖等。

2）羟基羧酸及其盐类：柠檬酸（钠）、酒石酸（钾、钠）、葡萄糖酸（钠）、苹果酸、水杨酸及其盐类。

3）多元醇及其衍生物：山梨醇、麦芽糖醇、木糖醇、甘露醇、糊精等。

4）无机酸及其盐：磷酸、硼酸及其盐类、氟硅酸盐、锌盐、镁盐。

5）有机磷酸及其盐类：氨基三甲叉膦酸（ATMP）及其盐类、乙二胺四甲叉膦酸（EDTMP）及其盐类、羟基乙叉二膦酸（HEDP）及其盐类、2-膦酸丁烷-1、2、4-三羧酸（PBTC）及其盐类、二乙烯三胺五甲基叉膦酸（DTPMP）及其盐类、多元醇磷酸酯（PAPE）。

（2）技术要求。根据《水工混凝土外加剂技术规程》（DL/T 5100—1999）的规定，缓凝剂混凝土技术指标见表2-43。

表 2-43　　　　　　　　　　缓凝剂混凝土技术指标表

品种	含气量/%	泌水率比/%	收缩率比/%	凝结时间差/min		抗压强度比/%			抗冻标号	对钢筋锈蚀作用
				初凝	终凝	3d	7d	28d		
缓凝剂	≤2.5	≤100	≤125	+210～+480	+210～+720	≥90	≥95	≥105	≥50	应说明对钢筋有无锈蚀危害

注　1. 凝结时间指标，"-"表示提前；"+"表示延缓。
　　2. 除含气量外，表中所列数据为掺外加剂混凝土与基准混凝土的差值或比值。

（3）缓凝剂的选用原则及使用技术要点。缓凝剂、缓凝减水剂及缓凝高效减水剂可用于大体积混凝土、碾压混凝土、炎热气候条件下施工的混凝土、大面积浇筑的混凝土、避免冷缝产生的混凝土、需较长时间停放或长距离运输的混凝土、自流平免振混凝土、滑模施工或拉模施工的混凝土及其他需要延缓凝结时间的混凝土。

1）根据使用目的选择缓凝剂。①控制混凝土的坍落度经时损失，使混凝土在较长时间内保持良好的流动性与和易性，使其经长距离运输后满足泵送施工工艺要求，应选择与所用胶凝材料相容性好，并能显著影响初凝时间，但初、终凝时间间隔短的缓凝剂；②降低大体积混凝土的水化热，并推迟放热峰的出现，应选择显著影响终凝时间或初、终凝间隔较长，但不影响后期水化和强度增长的缓凝剂。

2）根据对缓凝时间的要求选择缓凝剂。缓凝剂的掺量与缓凝效果成正比，不同缓凝剂的缓凝效果差异较大，但大部分的缓凝剂能够满足常规工程对缓凝效果的要求。当工程要求超缓凝时，应选用缓凝能力强的缓凝剂，如有机磷酸盐。而当采用普通缓凝超掺的方法达到此目的时，应做实验验证，以防出现超缓凝、含气量过大、促凝等不适应性现象。

3）根据使用温度选用缓凝剂。当施工环境温度高于30℃以上时宜选用糖类、有机磷酸盐等缓凝剂，而葡萄糖酸（钠）等缓凝剂在高温下缓凝作用明显降低，应结合工程要求选用。气温降低，羟基羧酸盐及糖类、无机盐类缓凝时间将显著延长，所以缓凝类外加剂不宜用于+5℃以下的环境施工，不宜单独用于有早强要求的混凝土及蒸养混凝土。

4）按设计剂量使用缓凝剂。缓凝类外加剂一般情况下不应超出厂家推荐的掺量使用，超量1～2倍使用即可使混凝土长时间不凝结，若含气量增加很多，会引起强度明显下降，造成工程事故。

使用某些种类缓凝剂（如蔗糖等）的混凝土，若只是缓凝过度而含气量增加并不多，可在混凝土终凝后带模保湿养护足够长的时间，强度有可能得到保证。

缓凝剂与其他外加剂，尤其是早强型外加剂存在相容性问题，或者是酸碱性中和问题，或者是溶解度低的盐沉淀问题，复合使用前应当先行试验。

5）与液体减水剂复合应用缓凝剂。当柠檬酸（钠）、酒石酸（钾、钠）、苹果酸、水杨酸盐等缓凝剂与聚羧酸减水剂复合应用时应适当增加聚羧酸减水剂用量，以抵消上述缓凝剂对聚羧酸减水剂减水能力的影响。

当无机酸及其盐与液体减水剂复合应用时应注意其在聚羧酸减水剂中的溶解能力，尤其在当温度低于15℃后，磷酸盐、硼酸及其盐的溶解度均低于4%。

当有机磷酸盐与液体减水剂复合应用时，应首先考察其与减水剂的相容性，以免产生分层现象。

6）其他主要要点。

A. 柠檬酸及酒石酸（钾、钠）等缓凝剂不宜单独用于水泥用量较低、水灰比较大的贫混凝土。

B. 当掺入含有糖类及木质素磺酸盐类物质的外加剂时应先做水泥适应性试验，合格后方可使用。而对于采用脱硫石膏、磷石膏等工业副产物二水石膏的水泥，尤其应注意缓凝剂与水泥的适应性，该类石膏易造成缓凝剂失效。

C. 缓凝剂、缓凝减水剂及缓凝高效减水剂以溶液掺入时计量必须正确，使用时加入拌和水中，溶液中的水量应从拌和水中扣除，难溶和不溶物较多的应采用干掺法并延长混凝土搅拌时间30s。

D. 缓凝剂可与其他种类减水剂复合使用。复合使用前，应首先考察缓凝剂的溶解能力和与减水剂的相容性，以免产生分层现象或析出。配制溶液时，如产生分层或沉淀等现象，应分别配制溶液并分别加入搅拌机内。

E. 缓凝剂一旦发生超掺现象，应留样观察凝结硬化情况，若72h内能凝结硬化，则混凝土一般可继续应用，但应同时观察 90d 以上混凝土强度及耐久性，为防日后修补，提供数据支持；如未能凝结，则需废弃该混凝土重新施工。

F. 掺缓凝剂、缓凝减水剂及缓凝高效减水剂的混凝土浇筑、振捣后，应及时抹压并始终保持混凝土表面潮湿，终凝以后应浇水养护，当气温较低时，应加强保温保湿养护，当温度较高时应覆盖混凝土表面，以防表面水分挥发，造成混凝土表面起壳，达不到缓凝要求。

2.4.5 早强剂

（1）定义及分类。混凝土早强剂是指能提高混凝土早期强度，并且对后期强度无显著影响的外加剂。其主要作用在于加速水泥水化速度，促进混凝土早期强度的发展。早强剂主要适用于混凝土制品蒸养混凝土及常温、低温和最低温度不低于−5℃环境中施工的有早强要求的混凝土工程。

早强剂按照化学成分可分为无机盐类、有机物类、复合型早强剂三大类。无机盐类早强剂中氯盐类早强剂是应用历史最长、应用效果最显著的早强剂品种。相比于氯盐类，硫酸盐类早强剂不会导致钢筋锈蚀，因而是目前使用最广泛的早强外加剂。Na_2CO_3、K_2CO_3 和 Li_2CO_3 均可作为混凝土的早强剂和促凝剂，在冬期施工中使用能明显缩短混凝土凝结时间、提高混凝土负温强度增长率。碱金属、碱土金属的硝酸盐和亚硝酸盐都具有促进水泥水化的作用，尤其是在低温、负温时能作为早强、防冻剂。有机物类早强剂包括有机醇类、胺类以及一些有机酸均可用作混凝土早强剂，如甲醇、乙醇、甲酸钙、乙酸钠、尿素、三乙醇胺、二乙醇胺、三异丙醇胺等。其中，三乙醇胺最为常用。各种早强剂都有其优点和局限性。一般无机盐类早强剂原料来源广且价格较低，早强作用明显，但有使混凝土后期强度降低的缺点；而一些有机类早强剂，虽能提高后期强度但单掺早强作用不明显。如果将两者合理组合，则可以扬长避短，优势互补，不但显著提高早期强度，而且后期强度也得到一定提高。并且能大大减少无机化合物的掺入量，这有利于减少无机化合物对水泥石的不良影响。

（2）技术要求。根据《混凝土外加剂》（GB 8076—2008）的规定，掺早强剂的混凝土技术指标见表 2−44。

表 2−44　　　　　　　掺早强剂的混凝土技术指标表

品种	泌水率/%	收缩率比/%	凝结时间差/min		抗压强度比/%			
			初凝	终凝	1d	3d	7d	28d
早强剂	≤100	≤135	−90～+90	—	≥135	≥130	≥110	≥100

注　1. 凝结时间差指标，"−"表示提前；"+"表示延缓。
　　2. 除含气量外，表中所列数据为掺外加剂混凝土与基准混凝土的差值或比值。

（3）应用技术要点。使用早强剂可以缩短养护时间，加快模板及场地周转；在低温及负温下可完全或部分抵消低温对强度增长的不良影响，提高混凝土自身抵抗冰冻及其他破坏因素影响的能力，具有显著的经济技术效益。但早强组分多为无机盐强电解质，若使用不当，在一定程度上提高混凝土早期强度的同时也带来的负面作用。因此，各类早强剂的应用要严格按照其适用范围及注意事项，合理使用。

1）氯盐早强剂使用注意事项。掺入大量氯盐会加速混凝土中钢筋及预埋件的锈蚀，这一点是非常明确的。而少量或微量氯盐，氯离子在水化前期即与铝酸盐相化学结合形成复盐（$C_3A \cdot CaCl_2 \cdot 10H_2O$），呈结合状态的氯离子不会促进钢筋锈蚀。但从工程的长期安全角度考虑，预应力钢筋混凝土结构中严禁使用含有氯盐组分的外加剂，处于干燥环境中的钢筋混凝土结构也对外加剂以及其他材料引入的氯离子总量有严格限制。

根据《混凝土外加剂应用技术规范》（GB 50119—2013）的规定：素混凝土中氯离子掺入量不得超过水泥重量的1.8%，干燥环境中的钢筋混凝土结构氯离子掺量不应大于水泥重量的0.6%，并规定在以下结构中严禁采用含有氯盐配制的早强剂：①预应力混凝土结构；②相对湿度大于80%环境中使用的结构、处于水位变化部位的露天结构、露天结构及经常受水淋、受水流冲刷的结构；③大体积混凝土；④直接接触酸、碱或其他侵蚀性介质的结构；⑤经常处于温度为60℃以上的结构，需经常蒸养的钢筋混凝土预制构件；⑥有装饰要求的混凝土，特别是要求色彩一致的或是表面有金属装饰的混凝土（氯盐早强剂混凝土表面有析盐现象及对表面的金属装饰产生盐蚀现象）；⑦薄壁混凝土结构，中级和重级工作制吊车的梁、屋架、落锤及锻锤混凝土基础等结构；⑧使用冷拉钢筋或冷拔低碳钢丝的结构；⑨骨料具有碱活性的混凝土结构。

2）硫酸盐类早强剂使用注意事项。硫酸钠含量以控制在2%内为宜，若掺量过高，延迟性钙矾石的形成将破坏已有的水泥石结构，引起强度和耐久性降低。一般控制混凝土内的三氧化硫总含量不得超过4%。使用矿渣水泥时硫酸钠掺量可适当增加。处于高温、高湿、干湿循环以及水下混凝土，在硫酸钠掺量过大时容易产生膨胀性化合物而导致混凝土开裂和剥落，控制硫酸钠掺量小于1.5%或最好不要单独使用硫酸钠作为早强剂。

掺入硫酸钠、硫酸钾后，混凝土中液相的碱度增大，当骨料中含有活性二氧化硅时，就会促使碱集料反应的发生。故当骨料中含有活性成分时，尤其是处于潮湿或露天环境中的混凝土结构物，不应再使选用硫酸钠作为早强剂。

低温下硫酸钠溶解度小，冬期施工时作为早强组分掺入，若掺量高且养护不好的情况下易在表面结晶析出形成白霜，影响表面装饰层与底层的黏附力。因此，对于有饰面要求的混凝土，硫酸钠掺量不宜超过0.8%。

硫酸钠干粉掺入时应控制细度，防止团块混入，并应适当延长搅拌时间；以水溶液掺入时，应注意低温析晶导致的浓度变化。对于单独使用硫酸钠为早强剂的混凝土，更应注意早期的潮湿养护，最好适当加以覆盖，以保证早强效果和防止起霜泛白。

3）碳酸盐类早强剂应用注意事项：掺碳酸钠会使水泥产生假凝，而碳酸钾不会产生假凝。碳酸盐高剂量使用会引起应力腐蚀和晶格腐蚀，因而不适用于高强钢丝的预应力混凝土结构。掺入碳酸钠、碳酸钾，混凝土中的总碱量增加，若骨料中含有活性二氧化硅成分，则发生碱集料反应的可能性增大。

无机盐作为强电解质，因增加导电性能，严禁用于与镀锌钢材或铝铁相接触部位的结构以及有外露钢筋预埋铁件而无防护措施的结构以及使用直流电源的结构以及距高压电流电源100m以内的结构。含有六价铬盐、亚硝酸盐等成分的早强剂因对人体具有毒性，严禁用于饮水工程及与食品相接触的工程。硝铵类因释放对人体产生危害并对环境产生污染的氨气，严禁用于办公、居住等建筑工程。

新浇筑混凝土在硬化过程中水分蒸发，对于掺有早强剂的混凝土，影响混凝土早期强度的增长速率，因此应及时进行保水养护。气温低时，应增加保温措施。

三乙醇胺类早强剂应用在蒸养混凝土中，若静停时间不够，蒸养温度过高，会出现爆皮等现象，影响混凝土质量。故要求通过试验确定蒸养制度，常用早强剂掺量限值见表2-45中。

表2-45   常用早强剂掺量限值

混凝土种类	使用环境	早强剂名称	掺量限值（水泥重量/%）
预应力混凝土	干燥环境	三乙醇胺	≤0.05
		硫酸钠	≤1.0
钢筋混凝土	干燥环境	氯离子（Cl⁻）	≤0.6
		硫酸钠	≤2.0
		与缓凝减水剂复合的硫酸钠	≤3.0
		三乙醇胺	≤0.05
	潮湿环境	硫酸钠	≤1.5
		三乙醇胺	≤0.05
有饰面要求混凝土	—	硫酸钠	≤0.8
素混凝土	—	氯离子（Cl⁻）	≤1.8

注 预应力混凝土及潮湿环境中使用的钢筋混凝土中不得掺氯盐早强剂。

2.4.6 泵送剂

（1）定义及分类。泵送剂通常不是单一一种外加剂就能满足性能要求，而是要根据泵送剂的特点由不同的作用的混凝土外加剂复合而成。其复配比例应根据不同的使用工程、不同的使用温度、不同的混凝土强度等级、不同的泵送工艺等条件来确定。其主要由以下几种组分组成。

1）减水剂。泵送剂中的减水剂主要起减水作用，且利用减水剂之间复合叠加效应达到性价比最佳的目的。普通减水剂在泵送剂中除起到减水作用外还能降低混凝土坍落度损失和提供适当缓凝作用，所以是泵送剂中不可或缺的一部分。而高性能减水剂主要是指聚羧酸系减水剂，其不仅减水率高，且坍落度损失小，更适用于配制低水灰比的高性能混凝土。

2）缓凝剂。泵送剂中应用的缓凝剂主要有两种作用：其一控制泵送混凝土的凝结时间；其二是提高掺泵送剂混凝土坍落度保持性能。

3）引气剂。混凝土中具有适当含气量时，微小气泡可以起到滚珠效应改善混凝土的流动性，减小泵送阻力。同时，由于气泡的存在可以阻断混凝土中由于泌水形成的毛细管孔，进而降低泌水、离析，又可以提高抗渗、抗冻融性能。

4）保水剂。保水组分亦称增稠剂，其作用是增加混凝土聚合物的黏度，主要是纤维素类、聚丙烯酸类、聚乙烯醇类的水溶性高分子化合物。他们掺入水泥浆中，形成保护性胶体，对分散的水泥浆起稳定作用。同时，增加了黏聚性。

（2）技术要求。根据《水工混凝土外加剂技术规程》（DL/T 5100—1999）的规定，掺泵送剂混凝土性能要求见表 2-46。

表 2-46   掺泵送剂混凝土的性能要求表

试 验 项 目		性能要求	试 验 项 目		性能要求
坍落度增加值/cm		≥10	抗压强度比/%	3d	≥85
常压泌水率比/%		≤100		7d	≥85
压力泌水率比/%		≤95		28d	≥85
含气量/%		≤4.5	收缩率比/%	28d	<125
坍落度损失率/%	30min	≤20	抗冻标号		≥50
	60min	≤30	对钢筋有无锈蚀作用		应说明有无锈蚀作用

（3）应用技术要点。混凝土在泵管内呈柱塞状向前流动，靠近管壁处有一层薄浆层，薄浆层的最外面是水膜层，里面是混凝土拌和物芯柱。水膜层和薄浆层形成阻力很小的润滑层，混凝土拌和物芯柱悬浮在润滑层内以平均流速 2～6m/s 向前运动。所以，要使混凝土能顺利泵送，必须能形成润滑层及泵送过程中混凝土芯柱始终保持黏聚状（即不离析）。混凝土的可泵性以坍落度、坍落度保留值、保水性和黏聚性表示。泵送剂提高了混凝土的内聚性和物料间润滑作用，降低了胀流，使混凝土泵送时不过度离析和泌水，因而可泵性更好。

A. 泵送剂不宜过掺，过掺造成混凝土黏聚性降低，易发生堵泵现象。故在应用过程中，不能因为泵送速度慢而采用过掺泵送剂的方法。

B. 泵送剂应保证混凝土有适当的压力泌水值，这样有利于混凝土与泵管之间润滑层形成，使混凝土泵送顺畅。

C. 掺泵送剂混凝土应控制黏度，混凝土过黏易造成混凝土堵泵或泵送速度慢。当采用倒置流空时间控制混凝土黏度时，以控制在 25s 以内为宜。

D. 泵送剂不应仅在实验室进行验证，还应在泵送施工前模拟现场情况进行泵送试验。并且当泵送机械、泵送高程、混凝土原材料、气温等出现较大变化时，应重新进行相关试验工作，以保证泵送施工的顺利进行。

E. 当出现堵泵或泵送不畅现象时应综合分析混凝土原材料、配合比、施工机械等相关因素，不应只求在泵送剂配方上改变。因为，泵送混凝土是一个系统性的工程，只有当各环节都处于最佳状态时，才能保证泵送施工的顺利进行。

2.4.7 防冻剂

（1）定义及分类。能使混凝土在负温下硬化，并在规定时间内达到足够防冻强度的外加剂叫防冻剂，一般由减水组分、防冻组分、引气组分以及早强组分等多种组分构成，目前国内对防冻剂的分类还没有统一的标准，分类方法较多。

1）按防冻剂的状态分类。

粉状防冻剂。这类防冻剂中的防冻组分主要以盐类为主，防冻剂中各组分都为粉剂，以矿物掺合料作为载体。

液体防冻剂。这类防冻剂中的防冻组分主要以有机物为主，利用有机物的高溶解性和与其他组分具有较好的相容性配制而成。此外，有些液体防冻剂是以盐溶液和有机物复合作为防冻组分，而这类防冻剂在工程中应用较多。

2）按防冻剂中防冻组分性能的不同分类。防冻剂在使用时，防冻性能是其关键，因此，根据《混凝土外加剂应用技术规范》（GB 50119—2013）的规定，将其分成以下四大类：

第一类是强电解质无机盐类防冻剂，即以无机盐作为防冻组分的防冻剂（也称早强型），无机盐主要有氯化钠、亚硝酸钠、硝酸钠、碳酸钠、硫酸钠、亚硝酸钙和碳酸钾等。

第二类是水溶性有机化合物类防冻剂，即以有机物作为防冻组分的液体防冻剂（也称防冻型），其有机防冻组分常用的有尿素、氨水、甲醇、甘油、丙二醇、乙醇、甲醇、甲酰胺、三乙醇胺、乙酸钠、草酸钙等。因尿素、氨水应用于防冻泵送剂时会产生刺激性气味，因此严禁用于办公、居住等建筑工程，而近年来用乙二醇、甘油、丙二醇及甲酰胺作为防冻剂的研究应用较多。

第三类是无机盐和有机物复合类防冻剂，这类防冻剂性能较前两类要好，但常出现盐类、有机物与其他组分不能相容等现象。

第四类是复合型防冻剂，即以防冻组分复合早强、引气、减水等组分的外加剂。

通过对混凝土发生冻害的原因分析，为使混凝土在负温下或冻融交替过程中不招致破坏，必须从提高混凝土本身的抗冻能力及防止冻害的发生两个途径来解决。因此，目前大量使用的防冻泵送剂已不再是单一组分，而是利用了不同组分的复合效应来防冻。

（2）技术要求。根据《水工混凝土外加剂技术规程》（DL/T 5100—1999）的规定，掺防冻剂的混凝土性能要求见表 2-47。

表 2-47　　　　　　　　　　掺防冻剂混凝土性能要求表

试 验 项 目		性 能 要 求		
减水率/%		>8		
泌水率比/%		<100		
含气量/%		>2.5		
凝结时间差 /min	初凝	−120～+120		
	终凝			
抗压强度比 /%	规定温度/℃	−5	−10	−15
	R₂₈	≥95		≥90
	R₋₇₊₂₈	≥95	≥90	≥85
	R₋₇₊₅₆	≥100		
28d 收缩率比/%		<125		
抗渗压力（或高度）比/%		>100（或<100）		
抗冻标号		≥50		
对钢筋有无锈蚀作用		应说明对钢筋有无锈蚀作用		

注　1. 规定温度为受检混凝土在负温养护时的温度。

2. 防冻剂是复合了其他组分的复合外加剂，所复合的其他外加剂组分都应当复合该外加剂的技术标准要求。

（3）应用技术要点。

1）混凝土拌和物中冰点的降低与防冻剂的液相浓度有关，因此，气温越低，防冻剂的掺量应适当增大。复合防冻剂中防冻成分的掺量应按混凝土拌和水质量的百分率控制：氯盐不大于7%；氯盐阻锈类总量不大于15%；无氯盐类总量不大于20%。引气组分的掺量不大于水泥质量的0.05%，混凝土含气量不超过4%。

2）不同的防冻剂使用温度不同（目前多为0～-15℃），如某种防冻剂规定使用温度为-10℃，即日气温波动范围约为-5～-15℃。

3）在混凝土中掺用防冻剂的同时，还应注意原材料的选择及养护措施等。如应尽量使用硅酸盐水泥或普通硅酸盐水泥，不宜使用矿渣等混合水泥，禁止使用铝酸盐水泥；当防冻剂中含有较多 Na^+、K^+ 离子时，不应使用活性骨料；在负温条件下养护时不得浇水，外露表面应覆盖等。

4）在日最低气温为-5℃，混凝土采用一层塑料薄膜和两层草袋或其他代用品覆盖养护时，可采用早强剂或早强减水剂替代防冻剂。

5）在日最低气温为-10℃、-15℃、-20℃，采用上述保温措施时，可分别采用规定温度为-5℃、-10℃、-15℃的防冻剂。

6）氯化钙与引气剂或引气减水剂复合使用时，应先加入引气剂或引起减水剂，经搅拌后，再加入氯化钙溶液；钙盐与硫酸盐复合使用时，先加入钙盐溶液，经搅拌后再加入硫酸盐溶液。

7）以粉剂直接加入的防冻剂，如有受潮结块，应磨碎通过0.63mm的筛孔后方可使用。

8）配制复合防冻剂前，应测定防冻剂各组分的有效成分、水分及不溶物的含量，配制时应按有效固体含量计算。

9）配制复合防冻剂时，应搅拌均匀；如有结晶或沉淀等现象，应分别配制溶液，并分别加入搅拌机。复合防冻剂以溶液形式供应时，不能有沉淀、悬浮物、絮凝物存在。

2.4.8 膨胀剂

（1）定义及分类。混凝土膨胀剂是指在混凝土硬化过程中，因化学作用能使混凝土产生一定体积膨胀的外加剂。目前，工程上使用的膨胀剂种类较多，依据他们的化学成分和膨胀原理的不同，可以分为以下几类：

1）硫铝酸钙类膨胀剂，此类膨胀剂与水泥熟料水化产物-氢氧化钙等反应生成水化硫铝酸钙即钙矾石（$C_3A \cdot 3CaSO_4 \cdot 32H_2O$）而产生体积膨胀。

2）氧化镁型膨胀剂，氧化镁水化生成氢氧化镁结晶（水镁石），体积可增加94%～124%，使混凝土产生膨胀。

3）石灰系膨胀剂，以氧化钙水化生成的氢氧化钙为膨胀源，由石灰石、黏土、石膏做原料，在一定高温条件下煅烧、粉磨、混拌而成。

4）铁粉系膨胀剂，在水泥水化时以三氧化二铁形式为膨胀源，由铁变成氢氧化铁而产生膨胀。

5）复合型膨胀剂，是由膨胀剂与其他外加剂复合成具有除膨胀性能外还有其他外加剂性能的复合外加剂。

（2）膨胀剂的技术要求。根据《混凝土膨胀剂》（JC 476—2001）的规定，掺膨胀剂的混凝土膨胀剂性能要求见表 2-48。

表 2-48 　　　　　　　　掺膨胀剂的混凝土膨胀剂性能要求表

试 验 项 目			指 　 标
化学成分	氧化镁（MgO）/%		≤5.0
	含水率/%		≤3.0
	总碱量/%		≤0.75
	氯离子（Cl⁻）/%		≤0.05
物理性能	细度	比表面积/(m²/kg)	≥250
		0.08mm 筛筛余/%	≤12
		1.25mm 筛筛余/%	≤0.5
	凝结时间	初凝/min	≥45
		终凝/h	≤10
	限制膨胀率/%	水中 7d	≥0.025
		水中 28d	≤0.1
		空气中 21d	≥-0.020
	抗压强度/MPa	7d	≥25.0
		28d	≥45.0
	抗折强度/MPa	7d	≥4.5
		28d	≥6.5

注 1. 细度用比表面积和 1.25mm 筛筛余或 0.08mm 筛筛余表示，仲裁检验用比表面积和 1.25mm 筛筛余。

　　2. 引自《混凝土膨胀剂》（JC 476—2001）。

（3）应用范围及技术要点。

1）膨胀剂的应用范围。

A. 补偿混凝土收缩。混凝土在凝结硬化过程中要产生大约相当于自身体积 0.04%~0.06% 的收缩，当收缩产生的拉应力超过混凝土的抗拉强度时就会产生裂缝，影响混凝土的耐久性，膨胀剂的作用就是在混凝土凝结硬化的初期 1~7d 龄期产生一定的体积膨胀，补偿混凝土收缩，用膨胀剂产生的自应力来抵消收缩应力，从而保持混凝土体积稳定性，因此膨胀剂应是一种混凝土防裂、密实的好材料。特别是对大体积混凝土由于体积大，收缩应力也大，混凝土水化热造成的温差冷缩也严重。因此，考虑用化学方法来补偿收缩是很必要的。补偿收缩混凝土主要用于地下、水中、海中、隧道等构筑物，大体积混凝土、配筋路面和板、屋面与厕浴间防水、构件补强、渗漏修补、预应力钢筋混凝土、回填槽等。

B. 提高混凝土防水性能。许多混凝土有防水、抗渗要求，因此，混凝土的结构自防水显得尤为重要，膨胀剂通常用来做混凝土结构自防水材料。用于地下防水、地下室、地铁等防水工程。

C. 增加混凝土的自应力。混凝土在掺入膨胀剂后，除补偿收缩外，在限制条件下还保留一部分的膨胀应力形成自应力混凝土，自应力值在 0.3～7MPa 之间，在钢筋混凝土中形成预压应力。自应力混凝土可用于有压容器、水池、自应力管道、桥梁、预应力钢筋混凝土、预应力混凝土以及需要预应力的各种混凝土结构。

D. 提高混凝土的抗裂防渗性能。主要用于坑道、井筒、隧道、涵洞等维护、支护结构混凝土，起到密实、防裂、抗渗的作用。

2）应用技术要点。

A. 根据工程要求选择膨胀剂种类和掺量。由于膨胀剂的种类不同，膨胀源产生的机理也有所不同。因此，选用时应根据工程的性质，工程部位及工程要求选择合适的膨胀剂品种，并经检验各项指标符合标准要求后方可使用。同时，根据补偿收缩或自应力混凝土的不同用途，进行限制膨胀率、有效膨胀能或最大自应力设计，通过试验找出膨胀剂的最佳掺量。此外，还应充分考虑膨胀剂与水泥以及其他外加剂的相容性。

B. 确保掺量准确。工地或拌和站不按混凝土配比掺入足够的混凝土膨胀剂是普遍存在的现象，造成浇筑的混凝土的膨胀效应低，不能补偿收缩。因此，必须加强管理，确保膨胀剂掺量的准确性。

C. 确保搅拌均匀。粉状膨胀剂应与混凝土其他原材料一起投入搅拌机，现场拌制的混凝土要比普通混凝土延长 30s。以保证膨胀剂与水泥、减水剂拌和均匀，提高匀质性。

D. 混凝土布料、振捣要按施工规范进行。在计划浇筑区段内连续浇筑混凝土，不宜中断，掺膨胀剂的混凝土浇筑方法和技术要求与普通混凝土基本相同；振捣必须密实，不得漏振、欠振和过振。在混凝土终凝之前，采用机械或人工多次抹压，防止表面沉缩裂缝的产生。

E. 加强养护。膨胀混凝土要有充分湿养护才能更好地发挥膨胀效应，必须重视养护工作。潮湿养护条件是确保掺膨胀剂混凝土膨胀性能的关键因素。因为，在潮湿环境下，水分不会很快蒸发，钙矾石等膨胀源可以不断生成，从而使水泥石结构逐渐致密，不断补偿混凝土的收缩。因此，施工中必须采取相应措施，保证混凝土潮湿养护时间不少于14d。基础底板易养护，一般用麻袋或草席覆盖，定期浇水养护；能蓄水养护最好。墙体等立面结构，受外界温度、湿度影响较大，易发生纵向裂缝。实践表明，混凝土浇筑完后3～4d 水化温升最高，而抗拉强度很低。因此，不宜早拆模板，应采用保温性能较好的胶合板，减少墙内外的温差应力，从而减少裂缝。墙体浇筑完后，从顶部设水管慢慢喷淋养护。冬期施工不能浇水，并应注意保温养护。

F. 混凝土的模板及拆模时间。最好采用木模板，以利于墙体的保温。侧墙混凝土浇筑完毕，1d 后可松动模板支撑螺栓，并从上部不断浇水。由于混凝土最高温升在 3d 前后，为减少混凝土内外温差应力，减缓混凝土因水分蒸发产生的干缩应力，墙体应在 5d后拆模板，以利于墙体的保温、保湿。拆模后派人连续不断地浇水 3d，后再间歇淋水养护浇至 14d。混凝土未达到足够强度以前，严禁敲打或振动钢筋，以防产生渗水通道。边墙出现裂缝是个难题，施工中应要求混凝土振捣密实、匀质。有的单位为加快施工进度，浇筑混凝土 12d 内就拆模板，其实这时混凝土的水化热升温最高，早拆模板造成散热快，增加了墙内外温差，易于出现温差裂缝。施工实践证明，墙体宜用保湿较好的胶合板制模，混凝土浇完后，在顶部设水管慢淋养护，墙体宜在第 5d 拆模，然后尽快用麻包片贴墙并喷水养护,保湿养护 10~14d。既使用补偿收缩混凝土浇筑墙体,也要以 30~40m 分段浇筑。每段之间设 2m 宽膨胀加强带,并设钢板止水片,可在 28d 后用大膨胀混凝土回填,养护不小于 14d。底板宜用蓄水养护,冬季施工要用塑料薄膜和保温材料进行保温保湿养护;楼板宜用湿麻袋覆盖养护。

2.4.9 减缩剂

收缩变形是导致混凝土结构非荷载裂缝产生的关键因素,混凝土的裂缝将导致结构渗漏、钢筋锈蚀、强度降低,进而削弱其耐久性,引起结构物破坏及坍塌,从而严重影响建筑物的安全性能与使用寿命。干缩和自收缩产生的开裂是多年来混凝土施工中遇到的棘手问题。减缩剂是近些年来出现的一种改善收缩较为有效的方法,有资料表明,在混凝土中掺入减缩剂能大大降低混凝土的干燥收缩,因而混凝土减缩剂被列为预防混凝土收缩开裂的两个措施(纤维增强和混凝土减缩剂)之一。

(1)定义及分类。减缩剂(Shrinkage Reducing Admixture,简称 SRA),能够在干燥环境下降低砂浆和混凝土的干燥收缩,特别是对富水泥砂浆减缩效果更好。它适合于在干燥环境下的混凝土和砂浆工程中。可用于蓄水池、水电站、公路立交桥和港口等大体积混凝土中。

从现有减缩剂的物理性能来看,它们一般为易溶性液体,比重与水相当,黏度较水大,表面张力大约为水的一半。按照组分的区别把减缩剂分为单一组分和多组分两种类型,其中单一组分的减缩剂根据其官能团的不同又可分为醇类减缩剂、聚氧乙烯类减缩剂、聚合物类减缩剂以及其他类型的减缩剂。

(2)主要性能特点。减缩剂的掺量一般为胶凝材料用量的 0.5%~4%,其基本规律是随着掺量越大,减缩效果越好。掺量从 0.5%、1.0%、2.0%、3.0%、4.0% 变化,水泥胶砂 90d 干缩分别减少 10.5%、22.0%、33.3%、34.1%、40.1%。SRA 对自收缩也有明显地降低作用,当掺量为 2% 时,28d 自收缩降低 30.7% 以上,60d 减少自收缩 29%;当掺量为 3% 时,28d 自收缩降低 47.2% 以上,60d 减少自收缩 48.1%。

减缩剂能够减少混凝土因收缩而导致开裂的工程问题外,也对混凝土的其他物理力学性能产生一定的影响。在适宜掺量范围内,减缩剂会使混凝土的 28d 抗压强度下降10%~15%,随着龄期的增加,抗压强度的下降幅度逐渐减小;混凝土中掺入减缩剂会使水泥混凝土的凝结时间延迟,但在一般情况下对混凝土施工影响不大;采用内掺法时,减缩剂对混凝土坍落度和含气量的影响很小,当减缩剂采用外掺法掺加到混凝土中时则会增大混凝土的坍落度,相当于在混凝土中引入等量的水。

(3)应用范围及技术要点。

1)减缩剂能够明显抑制混凝土的干燥收缩和自收缩,其降低收缩的效果和水胶比密切相关。

2)减缩剂分为粉剂和水剂,掺量一般为胶凝材料用量的 0.5%~4%,掺入混凝土中应取代等量的水以保证混凝土的坍落度一致。同时,也可以减小混凝土的后期强度损失,使用时应与水同时加入拌和机中搅拌。

3)应用于混凝土中,减缩剂与各种减水剂产品都具有较好的相容性,但在加入混凝土拌和物之前不要与其他外加剂混合。

2.4.10 速凝剂

通过喷嘴喷射向基底施加混凝土是一种常规技术，一般称作"喷射混凝土法"。喷射混凝土施工具有很多普通模板浇筑混凝土所无法相比的优点，尤其是在各种地下工程的锚喷支护中，因为不用模板支承，成型条件好，所以得到了广泛应用，成为现代地下工程中一项非常重要和必需的措施。速凝剂作为喷射混凝土的必要组分，也得到了迅速发展。

（1）定义及分类。速凝剂是使水泥混凝土快速凝结硬化的外加剂。掺入速凝剂的主要目的是使新喷料迅速凝结，增加一次喷层厚度，缩短两次喷敷之间的时间间隔，提高喷射混凝土的早期强度，以便及时提供支护抗力。

按形态划分，速凝剂有粉状和液态的。按主要成分划分，有硅酸盐、碳酸盐、铝酸盐、氢氧化物、铝盐以及有机类速凝剂。其他具有速凝作用的无机盐包括氟铝酸钙、氟硅酸镁或钠、氯化物、氟化物等，可作为速凝剂使用的有机物则有烷基醇胺类和聚丙烯酸、聚甲基丙烯酸、羟基羧酸、丙烯酸盐等。

喷射混凝土有两种施工方法：干喷和湿喷。采用干喷法时，水泥水化作用所需的水量从喷嘴处加入；而湿喷法，在输送的材料中已包含了水化作用所需要的水量，而速凝剂在喷嘴处加入。湿喷法要求使用液体速凝剂，而粉状速凝剂一般用于干喷法。

作为混凝土速凝剂，一般很少采用单一的化合物，多为各种具有速凝作用的化合物复合而成。现在，氯化物（如氯化钙）已不用作喷射混凝土的速凝剂。因为，它有腐蚀钢筋的危险，这些速凝剂按其主要成分可以分为五类。

1）以铝氧熟料为主体的速凝剂。这类速凝剂以铝氧熟料为主要成分，可分为铝氧熟料、碳酸盐系和复合硫铝酸盐系两种系列。

铝氧熟料、碳酸盐系速凝剂主要成分为铝氧熟料（主要成分为铝酸钠）、碳酸钠或钾和生石灰。其主要缺点是含碱量较高，对混凝土后期强度影响大。

复合硫铝酸盐系速凝剂，由于成分中加入石膏或矾泥等硫酸盐类和硫铝酸盐，使后期强度与不掺的相比损失较小，含碱量较低因而对人体腐蚀性较小。

2）水玻璃类速凝剂。主要成分为水玻璃（硅酸钠）。单一水玻璃组分因过于黏稠无法喷射，需要加入无机盐以降低黏性，提高流动度。如重铬酸钾降黏，亚硝酸钠降低冰点，三乙醇胺早强等。水玻璃系列的速凝剂具有水泥适应性好、胶结效果好、与铝酸盐类速凝剂相比碱含量小得多（$Na_2O<8.5\%$）、对皮肤没有太大腐蚀性（$pH<11.5$）等优点。但最大问题是：引起喷射混凝土后期强度降低，掺量大（一般为水泥质量的 $8\%\sim15\%$），使混凝土产生较大的干缩变形，同时喷射回弹率也较高。

3）铝酸盐液体速凝剂。碱性铝酸盐液体速凝剂目前得到了广泛使用，它既可以单独使用，也可以与氢氧化物或碳酸盐联合使用。铝酸盐类速凝剂有两种形式：铝酸钠和铝酸钾。铝酸盐类速凝剂具有掺量低、早期强度增长快的优点，但最终强度降低幅度较大（$30\%\sim50\%$），且 pH 值很高（>13），因而腐蚀性较强。此外，这类速凝剂对水泥类型非常敏感，因此使用前需先测试所用水泥的相容性。铝酸钾类速凝剂可以与多种类型的水泥相作用，通常可以比铝酸钠类速凝剂有更快的凝结速度和更高的早期强度效果。

4）新型无机低碱速凝剂。这些速凝剂均为粉体，具有低碱或无碱，对混凝土的强度无影响，原料易得，生产工艺简单的特点。用于干喷混凝土，适合工程量较小的修补工作以及输送距离长、不时有中断时间的场合。按其组成有以下几种：①偏铝酸钠、瓦斯灰、硅粉等；②铝氧熟料、煅烧明矾石、硫酸锌、硬石膏、生石灰等；③硫酸铝、氟化钙等；④氧化铝、氧化钙、二氧化硅等；⑤无定形铝化合物等。

5）新型液体无碱速凝剂。这类速凝剂按主要成分，可分为铝化合物和有机物类速凝剂。有机物类速凝剂效果较好，但价格昂贵，很少大量投入工程应用；以铝化合物为主的速凝剂不含碱金属或氯化物，通过将无定形铝化合物与水溶性硫酸盐、硝酸盐、羧酸类有机物、烷基醇胺等混合，对水泥的促凝作用能得到很大的提高。

为提高喷射混凝土的施工性能和质量，克服碱骨料反应的发生，方便施工减少污染和对人体的伤害，低碱或无碱性液体试剂是今后速凝剂的发展方向。

（2）水工混凝土速凝剂的技术要求。水工混凝土对速凝剂的基本要求是混凝土凝结速度快、早期强度高、收缩变形小，不得含有对混凝土后期强度和耐久性有害的物质，对钢筋无锈蚀作用，同时，其他性能也基本上满足工程要求。速凝剂匀质性能指标见表2-49、水工混凝土用速凝剂性能指标表2-50。

表 2-49 速凝剂匀质性能指标表

试验项目	指　标	
	液　体	粉　状
密度	应在生产厂所控制值的±0.2g/cm³ 之内	—
氯离子含量	应小于生产厂最大控制值	应小于生产厂最大控制值
总碱量	应小于生产厂最大控制值	应小于生产厂最大控制值
pH 值	应在生产厂控制值±1 之内	—
细度	—	80μm 筛余应小于 15%
含水率	—	≤2.0%
含固量	应小于生产厂最小控制值	—

表 2-50 水工混凝土用速凝剂性能指标表

产品等级	试　验　项　目			
	净　浆		砂　浆	
	初凝时间 /(min：s)	终凝时间 /(min：s)	1d 抗压强度 /MPa	28d 抗压强度比 /%
一等品	≤3：00	≤8：00	≥7.0	≥75
合格品	≤5：00	≤12：00	≥6.0	≥70

注 1. 28d 抗压强度比为掺速凝剂与不掺者的抗压强度之比。
2. 引自《喷射混凝土用速凝剂》（JC 477—2005）。

测试速凝剂性能时，需注意：水泥的品种及新鲜程度、气温和水温、搅拌方式、水及速凝剂的加入方式等测试条件均会对测试结果产生明显影响。

（3）应用技术要点。

1）喷射混凝土施工应选用与水泥适应性好、凝结硬化快、回弹小、28d 强度损失小、掺量低的速凝剂品种。

2）喷射混凝土施工时，应采用新鲜的水泥，优先选用硅酸盐水泥或普通硅酸盐水泥，也可矿渣硅酸盐水泥，不应使用过期或受潮结块的水泥。

3）喷射混凝土施工宜采用最大粒径不大于 20mm 的卵石或碎石，细度模数为 2.8～3.5 的中砂或粗砂，采用碱性速凝剂时，不得使用含有活性二氧化硅的砂石骨料。

4）喷射混凝土配合比的砂率应为 45%～60%，水泥用量及水灰比应根据喷射混凝土的强度等级要求通过试配确定，湿喷施工中宜选用非缓凝型的减水剂或高效减水剂。

5）喷射混凝土施工人员应注意劳动防护和人身安全，切忌不可用身体任何部位直接接触速凝剂。

2.4.11 阻锈剂

（1）分类。阻锈剂按照使用的方法不同可分为掺入型和渗透型两大类。

1）掺入型：掺入型是研究开发早、技术比较成熟的阻锈剂种类，即将阻锈剂掺加到混凝土中使用，主要用于新建工程（也可用于修复工程）。在美国、日本和苏联等国，已经有 30 多年的应用历史，我国也有 20 多年大型工程应用历史。

2）渗透型：渗透型（也称迁移型）阻锈剂是近些年国外发展起来的新型阻锈剂类型，即将阻锈剂涂到混凝土表面，使其渗透到混凝土内并到达钢筋周围。主要用于老工程的修复。该类阻锈剂的主要成分是有机物（脂肪酸、胺、醇、酯等），它们具有挥发、渗透的特点，能够渗透到混凝土内部；这些物质可通过"吸附"、"成膜"等原理保护钢筋，有些品种还具有使混凝土增加密实度的功能。

（2）性能指标。掺入型钢筋阻锈剂与渗透型钢筋阻锈剂应满足不同的技术指标，具体应满足表 2-51、表 2-52。

表 2-51　　　　　　　　　掺入型钢筋阻锈剂的技术指标表

检 验 项 目			技 术 指 标
混凝土性能	凝结时间差 /min	初凝	−60～+120
		终凝	
	抗压强度比/%		＞0.9
	抗渗性		不降低
阻锈效果	盐水溶液中的防锈性能		无腐蚀

表 2-52　　　　　　　　　渗透型钢筋阻锈剂技术指标表

检 验 项 目	技 术 指 标
盐水溶液中的防锈性能	无腐蚀
渗透深度/mm	≥50

（3）应用范围及使用注意事项。掺入型阻锈剂一般用于新建工程防腐蚀以及用于旧水泥混凝土结构的修复材料中；表面涂覆型阻锈剂一般用于旧水泥混凝土结构的修复，也可在新建工程中与掺入型阻锈剂同时采用。

通常情况下，在下述环境和条件下的水泥混凝土桥梁结构物中需要使用阻锈剂：

1）以氯盐为主的腐蚀环境情况下，如海洋环境海潮差区、浪溅区。

2）使用海沙地区，以含盐水施工混凝土。

3）盐碱地区，盐湖地区，以及地下水和土壤中含有氯盐的桥梁下部结构。

4）冬季撒除冰（雪）盐以及有冻融危险的钢筋混凝土桥（涵）面、钢筋混凝土护栏等。

5）在氯盐腐蚀性气体环境下的钢筋混凝土建筑物，氯离子含量过高的预应力混凝土和钢筋混凝土桥梁。

6）已被腐蚀的建筑物的修复；使用低碱水泥或低碱掺合料处在强氯盐锈蚀环境中的钢筋混凝土桥梁；如公路工程中的钢筋混凝土路面、隧道、涵洞、地下洞室等以防氯盐腐蚀为基本要求的钢筋混凝土结构等。

（4）掺入型阻锈剂的使用注意事项：

1）掺阻锈剂混凝土的施工缝不应设在浪溅区、水位变动区；水泥混凝土浇筑应连续，并保证均匀性和密实性，不得出现露筋、空洞、冷缝、夹渣、松顶等现象。

2）水泥混凝土养护一般应使用淡水，预应力结构不应使用海水养护，缺乏淡水时，应包裹塑料薄膜或喷涂养生剂，潮湿养护时间不应少于21d。

3）露筋是结构为氯离子提供的进入通道，会加速锈蚀，因此，处在腐蚀环境中水泥混凝土结构的模板应采用外部固定或悬模架设方式，不得从结构中引出钢筋架设固定，拆模后，结构表面不得裸露螺栓、钢筋、拉杆、铁钉和预埋件等。

（5）涂覆型阻锈剂的使用注意事项：

1）钢筋阻锈剂应直接涂覆在混凝土表面。施工时，应采取防止日晒或雨淋的措施。施工完成后宜覆膜养护7d。

2）使用阻锈剂前去除混凝土表面杂质，尤其是油脂、沥青、油漆、养护剂、防水剂、密封剂、养护薄膜、杂草等能够防止阻锈剂在混凝土表面的吸附或者向混凝土内部迁移的物质。涂覆前确保需要保护的结构表面完全暴露于环境中。

3）涂覆前确保混凝土为面干状态，若表面潮湿，需等晾干后再使用阻锈剂。

2.4.12 水分蒸发抑制剂

水分蒸发抑制剂是通过在塑性混凝土表面形成致密的单分子膜，从而减少恶劣施工条件下（高温、低湿和大风）塑性混凝土表面水分蒸发的外加剂。

（1）主要性能特点。

1）在高温、低湿条件下可以减少塑性混凝土表面80%的水分蒸发；在高温、低湿和阳光直射的条件下可以减少塑性混凝土表面40%的水分蒸发。

2）抑制塑性开裂。在混凝土表面形成的单分子膜有效减缓水分蒸发，延迟了孔隙负压的产生，降低了产生塑性收缩开裂的微观驱动力。反复使用可以有效避免塑性开裂的产生。

3）避免塑性混凝土表面起皮、结壳，有助于混凝土的抹面性能。由于有效抑制了水分蒸发，大大降低了混凝土表层和内部水分的差异。

4）促进表面水泥水化。通过减蒸作用，有效抑制了表层混凝土水分的蒸发，为表层混凝土中水泥的水化提供了必需的湿度条件。

5）提高混凝土耐久性。通过对早期塑性裂缝的抑制作用，杜绝在服役环境下，各种有害介质进入混凝土内部的通道。

（2）适用范围。水分蒸发抑制剂适用于蒸发速率大于泌水速率的塑性混凝土表面，尤其适用于高温、大风、低湿等恶劣条件下，大面积摊铺（机场）、大尺寸薄板（楼面、桥面）混凝土的塑性阶段。

水分蒸发抑制剂对混凝土具有良好的适应性，可应用于各种混凝土，如：含有各种外加剂（减水剂、引气剂、速凝剂、缓凝剂等）的混凝土。

水分蒸发抑制剂不影响混凝土的后续施工，可以进行化学成膜养护剂养护、塑料薄膜养护和洒水养护等后续施工。

水分蒸发抑制剂具有良好的使用性，水稀释后，利用普通喷壶即可以施工。

（3）使用注意事项。水分蒸发抑制剂不是养护剂，不可以代替混凝土初凝以后的养护工作。

2.4.13 水下不分散剂（絮凝剂）

（1）絮凝剂及其种类。絮凝剂应用于混凝土，主要是用来配制水下不分散混凝土，通过絮凝剂的絮凝作用，使得混凝土混合料能够实现在水中浇筑成型而不会发生各相、各组分之间的分离，且获得设计所需的强度。絮凝剂的种类主要包括下列内容：

1）无机高分子絮凝剂。无机高分子絮凝剂是 20 世纪 60 年代在传统的铁盐、铝盐基础上发展起来的一类新型絮凝剂。主要包括聚合硫酸铝、聚合氯化铝、聚合硫酸铁、聚合氯化铁等。这些絮凝剂絮凝能力强、絮凝效果好，并因其价格较低，逐步成为主流絮凝剂。近年来，研制和应用聚合铝、铁、硅及各种复合型无机絮凝剂成为研究的热点，无机高分子絮凝剂的品种逐步成熟，形成系列产品。

2）有机高分子絮凝剂。有机高分子絮凝剂多为水溶性的聚合物，具有相对分子质量大、分子链官能团多的结构特点。按其所带的电荷不同，可分为阳离子型、阴离子型、非离子型和两性絮凝剂，使用较多的是阳离子、阴离子和非离子型聚合物。其中合成的有机高分子絮凝剂主要有聚丙烯酰胺、磺化聚乙烯苯、聚乙烯醚等系列，以聚丙烯酰胺系列在水下不分散混凝土中应用最为广泛。而天然有机高分子絮凝剂原料来源广泛，价格便宜，无毒，易于降解和再生，按其原料来源不同，一般可分为淀粉衍生物、纤维素衍生物、植物胶改性产物、多聚糖类及蛋白质类改性产物等，其中最具发展潜力的是水溶性淀粉衍生物和多聚糖改性絮凝剂。

（2）絮凝剂的主要性能特点。

聚丙烯酰胺具有很强的增黏能力，由于分子链上含有酰胺基，所以 HPAM 的显著特点是亲水性强，易与水形成氢键，因而易溶于水，水化后具有较大的水动力学体积，进而达到高效增黏的目的。同时，聚丙烯酰胺水解后引入了离子基 COO—形成部分水解聚丙烯酰胺（HPAM），溶解性大大改善，而且由于在主链上所引入的 COO—之间静电排斥使链更为伸展，因此，也可以获得更大的水动力学体积，因而可以得到更高的溶液黏度。

HPAM 水溶液的黏度在常温下会随时间而变化，在高于室温时不稳定。

（3）水工混凝土水下不分散剂技术要求。根据《水工混凝土外加剂技术规程》（DL/T 5100—1999）的规定，掺水下不分散剂的混凝土性能要求见表 2-53。

表 2 - 53　掺水下不分散剂的混凝土性能要求表

种类 试验项目		普　通　型	缓　凝　性
泌水率/%		<0.5	<0.5
含气量/%		<4.5	<4.5
坍落度损失 /cm	30min	<3.0	<3.0
	120min	—	<3.0
水中分离度	悬浊物含量/(mg/L)	<50	<50
	pH 值	<12	<12
凝结时间/ h	初凝	>5	>12
	终凝	<24	<36
水气强度比 /%	7d	>60	>60
	28d	>70	>70

（4）使用注意事项。

1）搅拌。由于水中不分散混凝土必须呈现高黏性，和普通混凝土相比，搅拌机的负荷有比正常运转时增加 25%～35%或 50%的研究报导。因此，必须注意搅拌的能力和搅拌量，以确保顺利施工。

2）塑化剂的添加。添加过量的塑化剂有时会引起混凝土抗分散能力降低和显著的缓凝，此外还有塑化剂和水下不分散剂复合不匹配导致混凝土流动性不合格的现象。因此，必须注意塑化剂的种类和适当的添加量，确保水下不分散剂的使用性能。

3）泵压性能。由于水下不分散混凝土抗分散性强，泵压输送时，在输送管内很少出现堵塞现象，而且泵压输送前后的混凝土性能几乎不发生变化。但是，由于黏性大，泵压输送的阻力是普通混凝土的 2～4 倍。因此施工时，要特别注意泵的输送能力，尤其是采用泵压相对较低的挤压泵。

2.5　纤维

混凝土的开裂及脆性问题一直困扰着混凝土研究人员与工程技术人员，而添加纤维可以减少或抑制混凝土塑性开裂、提高强度与韧性、改善抗冲击、耐火防爆裂性能、增加耐磨损性等。因此，各种纤维在水利水电工程中的应用日益广泛。

纤维混凝土是以水泥净浆、砂浆或混凝土作基材，以非连续的短纤维或连续的长纤维作增强材所组成的水泥基复合材料的总称，通常简称为"纤维混凝土"。纤维对混凝土改性效果的大小取决于纤维与混凝土边界相互作用、纤维的类型、尺寸以及在混凝土中的分布密度、方向等因素，这些均与纤维增强混凝土的微观结构有关。

根据纤维弹性模量的大小可将纤维分为低弹模纤维和高弹模纤维。低弹模纤维（有机纤维：尼龙、聚丙烯、聚乙烯等）能减少塑性开裂、提高混凝土韧性、抗冲击性能、耐火防爆裂性能等有关性能。而高弹模纤维（钢纤维、玻璃纤维、碳纤维等）则不仅提高上述性能，还能使混凝土的抗拉强度和刚性有较大提高。下面对各种纤维逐一介绍。

2.5.1　钢纤维

　　钢纤维是纤维混凝土中使用较多、研究较深入的纤维之一，可按以下三种方法分类：按生产工艺分为切断型钢纤维、剪切型钢纤维、熔抽型钢纤维和铣削型钢纤维。按纤维截面形状可分为圆形、矩形、月牙形及不规则形等。按钢纤维的外形可分为平直形和异形，异形钢纤维可分为波浪形、压痕形、扭曲形、端钩形及大头形等，典型的钢纤维见图 2-1。

　　钢纤维的材料一般包括碳钢（或低碳钢，有时为合金钢）、不锈钢，不同的应用对材料组成有不同的要求。钢纤维的强度、刚性以及与混凝土的黏结能力均是影响 FRC 的重要因素。典型钢纤维的长径比为 20～100，而长度在 6.4～76mm 之间。

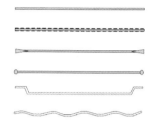

图 2-1　典型的钢纤维
（从上至下分别为：圆直形、压痕形、扁头形、哑铃形、端钩形、波浪形、扭曲形。）

2.5.2　玻璃纤维

　　20 世纪 60 年代早期玻璃纤维就开始在水泥砂浆中应用，当初使用的是传统的硼硅酸盐纤维（E-玻璃纤维）与中碱玻璃纤维（A-玻璃纤维），其化学成分与力学性能分别见表 2-54 与表 2-55。E-玻璃纤维与 A-玻璃纤维不耐硅酸盐水泥基材的高碱性（pH ≥12.5）的侵蚀，强度迅速下降，因此不宜长期使用。后续的研究表明耐碱玻璃纤维能提高长期耐久性，典型的产品有 Cem-FIL 抗碱玻璃纤维与 NEG 抗碱玻璃纤维。在过去的数十年中，抗碱玻璃纤维在建筑工程中得到了广泛的应用。

表 2-54　　　　　　　　　　　部分玻璃纤维的化学成分表　　　　　　　　　　　％

成分	A-玻璃纤维	E-玻璃纤维	Cem-FIL 抗碱玻璃纤维	NEG 抗碱玻璃纤维
二氧化硅（SiO_2）	73.0	54.0	62.0	61.0
氧化钠（Na_2O）	13.0	—	14.8	15.0
氧化钙（CaO）	8.0	22.0	—	—
氧化镁（MgO）	4.0	0.5	—	—
氧化钾（K_2O）	0.5	0.8	—	2.0
三氧化二铝（Al_2O_3）	1.0	15.0	0.8	—
三氧化二铁（Fe_2O_3）	0.1	0.3	—	—
三氧化二硼（B_2O_3）	—	7.0	—	—
二氧化锆（ZrO_2）	—	—	16.7	20.0
二氧化钛（TiO_2）	—	—	0.1	—
氧化锂（Li_2O）	—	—	—	1.0

表 2 - 55　　　　　　　　　　　　部分玻璃纤维的力学性能表

性质	A -玻璃纤维	E -玻璃纤维	Cem - FIL 抗碱玻璃纤维	NEG 抗碱玻璃纤维
相对密度	2.46	2.54	2.70	2.74
抗拉强度/ksi	450	500	360	355
弹性模量/ksi	9400	10400	11600	11400
断裂伸长率/%	4.7	4.8	3.6	2.5

注　1 ksi＝1000psi＝6.895MPa

2.5.3　聚丙烯纤维

聚丙烯纤维是由熔体纺丝法制成的，一般情况下，纤维纵向光滑，无条纹，截面一般呈圆形或三角形等其他异形。聚丙烯纤维的分子结构见图 2 - 2，这种规则的结构很容易结晶。

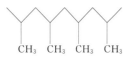

图 2 - 2　聚丙烯纤维的分子结构

聚丙烯纤维具有很好的强度，一般聚丙烯纤维短纤维的强度为 3.5～5.2cN/dtex（315～470MPa），如果纺制成高强力聚丙烯纤维，其强度可达 7.5cN/dtex（673MPa）。聚丙烯纤维吸湿率极低，因此，干、湿态的断裂强度几乎相等。聚丙烯纤维的强度高，断裂伸长率和弹性适中。因此，聚丙烯纤维的耐磨性也很好，优于其他合成纤维。

聚丙烯纤维的相对密度为 0.91 左右，是有机纤维中最轻的。聚丙烯纤维的电阻率很高，导电率低，具有良好的电绝缘性。聚丙烯纤维的耐光性较差，经日光曝晒会发生光敏退化或光氧化作用，使纤维强度下降。为提高其耐光性，纺制纤维时，常加入紫外线吸收剂。

聚丙烯纤维是碳链高分子物，且不含极性基团，耐酸、碱及其他化学药剂的稳定性优于其他合成纤维。聚丙烯纤维的熔点较低（165～173℃），软化点温度比熔点要低 10～15℃，故耐热性差。聚丙烯纤维在高温时易氧化，故纤维的热稳定性较差。为提高聚丙烯纤维的稳定性，在纺丝时可加入一定量的抗氧化剂。

2.5.4　有机粗合成纤维

在混凝土用聚丙烯纤维中，有一种增韧纤维日益备受关注，其直径较粗（不小于0.1mm），常称为"粗合成纤维"（Macro Synthetic Fiber），有文献称之为有机仿钢丝纤维。

粗合成纤维的长度大部分集中在 30～55mm 之间，纤维直径（或等效果直径）大部分集中在 0.5～1.0mm 区间，粗合成纤维的形态主要有波浪形、表面刻痕、X 形截面或矩形膜状，均是为了赋予粗纤维非光滑的表面，增加纤维与水泥复合材料基材的接触面积，是改善纤维与基材界面性能的物理改性方法，由于粗合成纤维增强水泥基复合材料的破坏模式以纤维拔出为主，粗糙的纤维表面可以使复合材料在破坏的过程中吸收更多的能量，从而达到增韧的目的，实现水泥基复合材料从脆性破坏到韧性破坏的转变。

粗合成纤维的力学性能要优于细合成纤维，断裂强度大、模量高，这与材料的制备方法相关。从产品的推荐体积掺量看，范围在 0.1％～2.2％，远高于细合成纤维的常规掺量（0.1％），具体工程中需要根据产品特点与应用目的因地制宜地应用。

典型粗合成纤维（左边三种）与钢纤维（右边两种）对比见图 2-3。

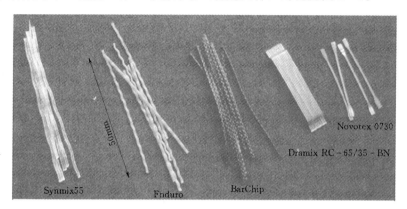

图 2-3　典型粗合成纤维（左边三种）与钢纤维（右边两种）对比
（从左至右依次为：Synmix55；Enduro；BarChip；Dramix RC-65/35-BN；Novotex 0730）

2.5.5　聚乙烯纤维

普通型聚乙烯纤维较少在混凝土中应用，使用较多的为超高分子量聚乙烯（UHM-WPE）纤维，其平均相对分子质量一般都在 1×10^6 以上，由于分子质量大，纤维成型过程中大分子的缠结程度亦随之明显增大，宏观上表现为熔体黏度急剧升高，很难利用常规熔融纺丝技术纺丝成型，主要采用凝胶纺丝-超拉伸法实现产业化生产。其抗拉强度与弹性模量分别达 2.2～3.5GPa、52～156GPa，其密度小（0.97g/cm³），因此，比强度与比模量是现有纤维材料中最高的。质轻、高强高模、耐化学药品、耐气候、高能量吸收、耐切割、电绝缘、防水、可透过 X 射线等特性，已被广泛用于防弹服、装甲车外壳、雷达罩、绳索、体育用品及纤维增强复合材料等方面。

2.5.6　聚乙烯醇纤维

聚乙烯醇纤维是合成纤维的重要品种之一，其常规产品是聚乙烯醇纤维，国内简称维纶，产品以短纤维为主。聚乙烯醇的分子结构见图 2-4。

与聚丙烯纤维相比，聚乙烯醇纤维具有更优良的抗拉强度与弹性模量，由于其分子链上存在大量的羟基，因此，能与水泥基材料形成良好的界面黏结，充分发挥其抗裂、增强效果，聚乙烯醇纤维的性质。

$$\left[\begin{array}{cc} H_2 & H \\ C - C \\ & | \\ & OH \end{array} \right]_n$$

图 2-4　聚乙烯醇的分子结构

近年来，随着聚乙烯醇纤维生产技术的发展，它在工业、农业、渔业、运输和医用等方面的应用不断扩大。纤维增强材料利用维纶强度高，抗冲击性好，成型加工中分散性好等特点，可以作为塑料以及水泥、陶瓷等的增强材料。特别是作为致癌物质石棉的代用品，制成的石棉板受到建筑业的极大重视。

2.5.7　聚酰胺纤维

聚酰胺纤维俗称尼龙或锦纶，其大分子主链上含有酰胺键。聚酰胺纤维具有一系列优良特性，如耐磨性、弹性好，强度、延伸度高，比重小、耐霉、耐蛀等，因此广泛应用于民用、工业和国防，聚乙烯醇纤维的性质见表2-56。工业中最常用的聚酰胺纤维是尼龙6和锦纶66。PA6的分子结构式见图2-5，PA66的分子结构式见图2-6。

表2-56 　　　　　　　　　　　　　　　聚乙烯醇纤维的性质表

性能指标		短　纤　维		长　　丝	
		普通	强力	普通	强力
强度/GPa	干态	4.0~4.4	6.0~8.8	2.6~3.5	5.3~8.4
	湿态	2.8~4.6	4.7~7.5	1.8~2.8	4.4~7.5
断裂伸长率/%	干态	12~26	9~17	17~22	8~22
	湿态	13~27	10~18	17~25	8~26
弹性模量/GPa		22~26	62~114	53~79	62~220
回潮率/%		4.5~5.0	4.5~5.0	3.5~4.5	3.0~5.0
密度/(g/cm³)		1.28~1.30			
热性能		软化点为215~220℃，熔点不明显，能燃烧，燃烧后变成褐色或黑色不规则硬块			
耐日光性		良好			
耐酸性		受10%盐酸或30%硫酸作用而无影响，在浓的盐酸、硝酸和硫酸中发生溶胀和分解			
耐碱性		在50%苛性钠溶液中和浓氨水中强度几乎没有降低			
耐溶剂性		不溶于一般的有机溶剂（如乙醇、乙醚、苯、丙酮等），能在热的吡啶、酚、甲酚和甲酸中溶胀或溶解			

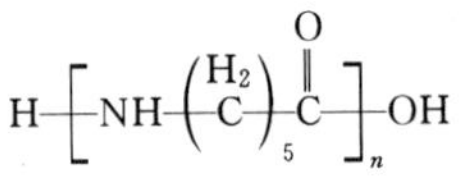

图2-5　PA6的分子结构式 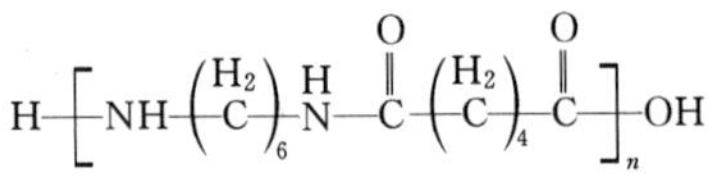 　　　　　　　图2-6　PA66的分子结构式

锦纶的机械性能除了与分子结构有关外，还取决于生产过程中的工艺条件。

锦纶大分子具有较高的柔性，分子间存在许多氢键，在纺丝过程中受到拉伸时，可大大提高取向度和结晶度。因此，锦纶的强度较高。高强度的锦纶适合制作绳索、渔网。

但锦纶在湿态时的强度稍有降低，一般情况下其湿态强度损失10%~15%。由于锦纶的强度高、回弹性好，所以锦纶是所有天然纤维和合成纤维中耐磨性最好的纤维。锦纶的耐碱性较强，在室温下50%的NaOH溶液对它不发生影响；在85℃的10%NaOH溶液中浸渍10h，纤维强度只降低5%。因此，非常适合在混凝土中使用。

锦纶的相对密度为1.04~1.14，锦纶的耐光性不好，长时间的日光照射会使之泛黄，且强度下降。

2.5.8　芳纶

芳香族聚酰胺纤维（俗称芳纶）的高分子主链主要是由酰胺键和芳香环组成的线型高聚物，因其结构特殊，具有优良的耐热性、热稳定性和高强度、高模量等特性，成为高性能纤维中最重要的品种之一。

典型的产品有聚对苯二甲酰对苯二胺（PPTA）纤维，杜邦公司的 Kevlar 纤维尤为著名。其力学性能见表 2-57。

表 2-57   **Kevlar 纤维的力学性能表**

种类	Kevlar29	Kevlar49	Kevlar69	Kevlar129	Kevlar149
特征	标准型	高模量	高模量	高强度	超高模量
密度/(g/cm^3)	1.44	1.45	1.44	1.44	1.47
抗拉强度/MPa	2920	2840	2960	3370	2340
弹性模量/GPa	71.8	108.7	99.1	96.6	145.4
断裂伸长率/%	3.6	2.4	2.9	3.3	1.5

与其他纤维相比，芳纶的蠕变性低，接近钢的蠕变性，在室温条件下，蠕变率小于 0.02%～0.052%，同时具有良好的耐化学药品性能，大部分溶剂对它的强度几乎无影响。这些特点非常适合作为混凝土的增强材料。

2.5.9 聚丙烯腈纤维

聚丙烯腈纤维的商品名称为腈纶，通常由 85% 以上的丙烯腈和其他单体的共聚物组成。聚丙烯腈纤维是合成纤维的主要品种之一，产量仅次于涤纶和锦纶。

聚丙烯腈纤维的主要组成物质为聚丙烯腈，所以聚丙烯腈纤维大分子以聚丙烯腈表示，从以下结构式看出：①聚丙烯腈纤维大分子为碳链结构，化学稳定性较好；②聚丙烯腈纤维大分子的规整性好，分子结构紧密；③大分子链中的氰基，为强极性基团，使聚丙烯腈纤维大分子间形成氢键结合，并通过氰基的偶极间相互作用，形成偶极键结合。其结构见图 2-7。

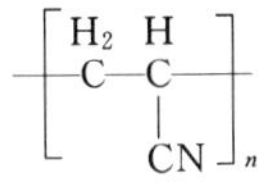

聚丙烯腈纤维属于热塑性纤维，聚丙烯腈大分子没有明显的结晶区和无定形区，所以没有明显的熔点。它的软化温度范围较宽，在 190～240℃ 之间，故聚丙烯腈纤维的耐热性较好。聚丙烯腈纤维的强度不如涤纶和锦纶，湿态断裂强度为干态断裂强度的 80%～100%。聚丙烯腈纤维的初始模量为中等水平，比涤纶低但比锦纶短纤维高，因此它的硬挺度介于这两种纤维之间。

图 2-7 聚丙烯腈的结构

聚丙烯腈纤维的相对密度与锦纶接近，一般为 1.12～1.17。经适当热处理后的聚丙烯腈纤维，随纤维取向度的增加，相对密度会增至 1.2～1.24。聚丙烯腈纤维具有优良的耐光、耐气候性及防霉。

2.5.10 碳纤维

碳纤维是指纤维化学组成中碳元素占总质量 90% 以上的纤维。碳纤维一般通过高分子有机纤维的高温固相碳化来制备。

碳纤维的分类，按习惯大致有以下方法：

(1) 按原料分类：纤维素基；聚丙烯腈基；沥青基。

(2) 按照制造条件和方法分类：碳纤维（碳化温度在 800～1600℃ 时得到的碳纤维）；石墨纤维（碳化温度在 2000～3000℃ 时得到的碳纤维）；活性炭纤维；气相生长碳纤维。

碳纤维是特种纤维中的主要品种之一。碳纤维主要的用途是作为增强材料（如环氧树脂、酚醛树脂、碳、金属及其合金、橡胶、陶瓷等），经过一定的复合工艺制成一种新型复合材料。衡量复合材料的主要物理性能参数是比强度和比模量。比强度越大，则这种结构材料制成同样强度构件的质量越轻，这对碳纤维增强水泥基复合材料有着特别重要的意义。同时，碳纤维增强的复合材料还具有一般碳材料的各种优良性能，如密度小、耐热性好、耐化学腐蚀、耐热冲击、热膨胀小、耐烧蚀等。因此，碳纤维增强的复合材料的生产和应用得到了迅速发展，并将成为 21 世纪的主体材料之一。各类型纤维性能汇总见表2-58

表 2-58　　　　　　　　　　　混凝土用纤维性能汇总表

纤维类型	直径/μm	密度/(g/cm³)	抗拉强度/MPa	弹性模量/GPa	断裂伸长率/%
钢纤维	100~1000	7.8	500~2600	210	0.5~3.5
玻璃纤维		2.6			
聚丙烯	20~400	0.9~0.95	450~760	3.5~10	15~25
聚乙烯	25~1000	0.92~0.96	600	5	3~100
聚乙烯醇	14~650	1.3	800~1500	29~36	5~7
聚酰胺	23~400	1.14	750~1000	4.1~5.2	16~20
聚丙烯腈	20~350	1.16~1.18	200~1000	14~19	10~50
芳纶	10~12	1.44	2300~3500	63~120	2~4.5
碳纤维（PAN基）	8~9	1.6~1.7	2500~4000	230~380	0.5~1.5
碳纤维（沥青基）	9~18	1.21~1.6	500~3100	30~480	0.5~2.4

注　上述数值是已有的商业化产品的典型性能，因生产厂家与制备工艺可能存在变化。

2.5.11　植物纤维

植物纤维是自然界最为丰富的天然高分子材料，植物纤维具有长径比大、强度高、表面积大等优点。在南美洲、大洋洲等盛产植物纤维的地方，使用植物纤维来增强砂浆或混凝土已比较常见，植物纤维增强水泥基复合材料不仅能够降低混凝土的造价，而且能有利于环保和可持续发展，具有深远的意义。但植物纤维在水泥碱性环境中的腐蚀，纤维材料与混凝土之间的黏结耐久性和紧密性等问题还有待深入研究并改善，目前，主要用来增强低端的水泥制品。常见植物纤维性能见表2-59。

表 2-59　　　　　　　　　　　常见植物纤维性能表

纤维	密度/(g/cm³)	抗拉强度/MPa	弹性模量/GPa	断裂伸长率/%
棉	1.5~1.6	287~597	5.5~12.6	7.0~8.0
黄麻	1.3	393~773	26.5	1.5~1.8
亚麻	1.5	345~1035	27.6	2.7~3.2
剑麻	1.5	511~635	9.4~22.0	2.0~2.5
椰壳纤维	1.2	175	4.0~6.0	30

2.5.12 纤维的主要作用

研究表明，纤维在水泥基体中主要有以下几个主要的作用：

（1）减少或防止水泥混凝土的早期开裂。混凝土中的大量微裂缝常常是混凝土抗弯强度较低及许多耐久性破坏的直接原因。混凝土中微裂缝产生的原因：包括混凝土材料的特性、结构设计不当及外荷载作用等，而混凝土材料由于在水化过程中的物理化学作用所产生的塑性收缩及应力集中也是混凝土中裂纹产生的重要原因。而合成纤维能有效地解决混凝土的塑性开裂问题，其主要机理如下：

减少泌水，提高混凝土的工作性。合成纤维混凝土的工作性良好，纤维掺入后显著降低了混凝土的泌水性。纤维与水泥基材充分混合，在水泥净浆或混凝土砂浆中形成多向分布的网络支撑体系，阻止骨料的下沉，提高混凝土的匀质性等内在品质，减少原始微缺陷，改善混凝土的抗裂性能。纤维使混凝土早期弹性模量降低。因此，能降低混凝土中拉应力；混凝土的变形能力增强，减少早期塑性开裂的概率。同时纤维能减少混凝土表面与内部的应力梯度，应力松弛增大，残余拉应力减少。

（2）提高水泥混凝土的拉伸强度。当所选用纤维的力学性能、几何尺寸与掺量合适时，可使水泥基复合材料的抗拉强度较之基材有明显的提高。纤维随机地分布在水泥或混凝土中，并跨越水泥混凝土中存在的微细裂缝，对裂缝产生约束作用，阻止裂纹的扩展或改变裂纹前进的方向，减少裂纹的宽度和平均断裂空间，从而提高水泥混凝土的强度。

（3）提高水泥混凝土的抗冲击性。纤维作为增强材料，可以抑制水泥混凝土中微裂纹的产生，提高水泥混凝土的韧性、抗冲击性。

（4）提高水泥混凝土的抗渗性。掺入了大量微细纤维可以有效地抑制混凝土早期干缩微裂及离析裂缝的产生及发展，极大地减少了混凝土的收缩裂缝，尤其是有效地抑制了连通裂缝的产生；均匀随机分布在混凝土中的大量纤维起了承托骨料的作用，降低混凝土表面的析水与集料的离析，从而使混凝土中直径为 $50\sim100nm$ 和大于 $100nm$ 左右的孔隙含量大大降低，极大地提高混凝土抗渗防水能力。

（5）提高水泥混凝土的抗冻融性。在混凝土中加入纤维，可以缓解温度变化而引起的混凝土内部应力的作用，阻止微裂缝的扩展；同时，混凝土抗渗能力的提高也有利于其抗冻能力的提高。

纤维的抗冻融性能的作用机理主要有以下几点：首先，由于乱向分布的微细纤维相互搭结，阻碍了混凝土搅拌和成型过程中内部空气的溢出，使混凝土的含气量增大，缓解了低温循环过程中的静水压力和渗透压力；其次，微细纤维改善了混凝土的早期内部缺陷，降低了原生裂缝尺度，提高了混凝土的抗拉极限应变，改善了混凝土的拉伸断裂行为；另外，纤维的弹性模量随温度的降低而提高的特性对纤维混凝土低温环境下抵抗冻胀破坏具有正面增强效应。第三，由于纤维直径小，单位重量的纤维数量庞大，纤维间距小，因此具有明显的阻裂效应，增加了混凝土冻融损伤过程中的能量损耗，有效地抑制了混凝土的冻胀开裂，有益于混凝土低温环境下的强度增长和抗冻融耐久性的提高。

（6）提高水泥混凝土的耐磨能力。聚丙烯纤维混凝土除了组成材料水泥浆体和粗细骨料对耐磨性的贡献外，纤维的阻裂效应，使混凝土在磨损过程中始终保持其整体性，纤维的连接作用又使骨料之间不至于破损，保证了聚丙烯纤维混凝土内部结构的连续性，而材料的整体性直接增强了其抵抗微切削磨损破坏的能力，因此聚丙烯纤维掺入混凝土中，对于提高混凝土本身的耐磨性有很大帮助。

（7）提高水泥混凝土的耐火能力。混凝土在一定热与机械应力条件下发生散裂（爆裂），这将危及结构件及其本身的完整性。在混凝土中加入聚丙烯纤维能有效地防止爆裂。聚丙烯在170℃熔融，而爆裂在190～250℃之间发生。当纤维被熔融或者被水泥基材部分吸收后，留下了气体通道。所以它们形成了渗透性比基材更好的孔洞网络，这些孔洞能让气体向外迁移从而降低混凝土内部的蒸汽压，借以改善混凝土的耐火防爆裂性能。

2.5.13　相关标准对纤维提出的技术要求

《钢纤维混凝土》（JG/T 3064—1999）对钢纤维提出了如下要求：标称长度可为15～60mm，钢纤维截面的直径或等效直径宜在0.3～1.2mm，钢纤维长径比或标称长径比宜在30～100，也可根据需方要求也可供应其他规格型号产品。异形钢纤维的形状符合出厂规定形状数量占纤维总量的百分数称为形状合格率，除平直形钢纤维外的其他形状钢纤维其形状合格率不宜小于90％。钢纤维的抗拉强度不应低于380MPa，当工程有特殊要求时钢纤维的抗拉强度可由需方根据技术与经济条件提出。弯折性能：钢纤维应能经受沿直径为3mm钢棒弯折90°不断；钢纤维表面不应有油污和其他妨碍钢纤维与水泥浆黏结的杂质，钢纤维内含有的因加工不良造成的粘连片表面严重锈蚀的钢纤维铁锈粉及杂质的总质量不应超过钢纤维质量的1％。钢纤维的表面不应镀有害物质或涂有不利于与混凝土黏结的涂层。

根据《水泥混凝土和砂浆用合成纤维》（GB/T 21120—2007）的规定，合成纤维的规格见表2-60，并对合成纤维以及掺合成纤维水泥混凝土和砂浆的性能指标提出的要求见表2-61、表2-62。

表 2-60　　　　　　　　　　　　　合 成 纤 维 的 规 格 表

外形分类	公称长度/mm		当量直径/μm
	用于水泥砂浆	用于水泥混凝土	
单丝纤维	3～20	6～40	5～100
膜裂网状纤维	5～20	15～40	—
粗纤维	—	15～60	＞100

注　经供需双方协商，可生产其他规格的合成纤维。

表 2-61　　　　　　　　　　　　　合 成 纤 维 的 性 能 指 标 表

试验项目	用于混凝土的合成纤维		用于砂浆的合成纤维
	防裂抗裂纤维 HF	增韧纤维 HZ	防裂抗裂纤维 SF
断裂强度/MPa	≥270	≥450	≥270
初始模量/MPa	≥3.0×10³	≥5.0×10³	≥3.0×10³
断裂伸长率/％	≤40	≤30	≤50
耐碱性能（极限拉力保持率）/％	≥95.0		

表 2-62 掺合成纤维水泥混凝土和砂浆性能指标表

试验项目	用于混凝土的合成纤维		用于砂浆的合成纤维
	防裂抗裂纤维 HF	增韧纤维 HZ	防裂抗裂纤维 SF
分散性相对误差/%	$-10\sim+10$		
混凝土和砂浆裂缝降低系数/%	$\geqslant55$		
混凝土抗压强度比/%	$\geqslant90$		—
砂浆抗压强度比/%	—	—	$\geqslant90$
混凝土渗透高度比/%	$\leqslant30$		—
砂浆透水压力比/%	—	—	$\geqslant120$
韧性指数 I_5	—	$\geqslant3$	—
抗冲击次数比	$\geqslant1.5$	$\geqslant3.0$	—

2.6 水 *

混凝土用水有拌和用水和混凝土养护用水，包括：饮用水、地表水、地下水、再生水、混凝土企业设备洗刷水和海水等。

混凝土拌和用水的作用是与水泥中硅酸盐、铝酸盐及铁铝酸盐等矿物成分发生化学反应，产生具有胶凝性能的水化物，将砂、石等材料胶结成混凝土，并使之具有许多优良建筑性能而广泛地应用于建筑工程。混凝土养护用水的作用是补充混凝土因外部环境中湿度变化，或者混凝土内部水化过程中损失的水分，为混凝土供给充足水，确保其水化反应持续进行，混凝土的性能不断发展。

（1）混凝土拌和用水水质要求应符合表 2-63 的规定。对于设计使用年限为 100 年的结构混凝土，氯离子含量不应超过 500mg/L；对使用钢丝或经热处理钢筋的预应力混凝土，氯离子含量不得超过 350mg/L。

表 2-63 混凝土拌和用水水质要求表

项　　目	预应力混凝土	钢筋混凝土	素混凝土
pH 值	$\geqslant5.0$	$\geqslant4.5$	$\geqslant4.5$
不溶物/(mg/L)	$\leqslant2000$	$\leqslant2000$	$\leqslant5000$
可溶物/(mg/L)	$\leqslant2000$	$\leqslant5000$	$\leqslant10000$
氯离子含量（Cl^-）/(mg/L)	$\leqslant500$	$\leqslant1000$	$\leqslant3500$
硫酸盐（SO_4^{2-}）/(mg/L)	$\leqslant600$	$\leqslant2000$	$\leqslant2700$
碱含量/(mg/L)	$\leqslant1500$	$\leqslant1500$	$\leqslant1500$

注 碱含量按 $Na_2O+0.658K_2O$ 计算值来表示。采用非碱活性骨料时，可不检验碱含量。

---

* 参见《混凝土用水标准》（JGJ 63—2006）。

（2）地表水、地下水、再生水的放射性应符合《生活饮用水卫生标准》（GB 5749—2006）的规定。

（3）被检验水样应与饮用水样进行水泥凝结时间对比试验。对比试验的水泥初凝时间差及终凝时间差均不应大于 30min；同时，初凝和终凝时间应符合《通用硅酸盐水泥》（GB 175—2007）的规定。

（4）被检验水样应与饮用水样进行水泥胶砂强度对比试验，被检验水样配制的水泥胶砂 3d 和 28d 强度不应低于饮用水配制的水泥胶砂 3d 和 28d 强度的 90％。

（5）混凝土拌和用水不应有漂浮明显的油脂和泡沫，不应有明显的颜色和异味。

（6）混凝土企业设备洗刷水不宜用于预应力混凝土、装饰混凝土、加气混凝土和暴露于腐蚀环境的混凝土；不应用于使用碱活性或潜在碱活性骨料的混凝土。

（7）未经处理的海水严禁用于钢筋混凝土和预应力混凝土。

（8）在无法获得水源的情况下，海水可用于素混凝土，但不宜用于装饰混凝土。

（9）混凝土养护用水应符合表 2-63 中不溶物、可溶物除外的规定，且可不检验水泥凝结时间和胶砂强度。

（10）符合《生活饮用水卫生标准》（GB 5749—2006）要求的饮用水，可不经检验作为混凝土用水。

3 混凝土配合比设计

3.1 设计原则与基本资料

3.1.1 设计原则

混凝土配合比设计原则是在满足设计要求的强度、密度、抗裂性、耐久性和施工和易性要求的条件下，经济合理地选出混凝土单位体积中各种组成材料的用量。

（1）水胶比：它是决定混凝土强度和耐久性能的主要因素。所以，水胶比主要根据设计要求的强度和耐久性选定。

（2）用水量：在满足施工和易性的条件下，力求单位用水量最小。

（3）最大的粗骨料粒径：根据结构断面和混凝土配筋率以及施工设备条件等情况，选择尽可能大的粗骨料粒径。

（4）骨料级配：根据就地取材的原则，选择空隙率较小的级配，兼顾料场天然级配或骨料实际生产级配情况，尽量减少弃料。

（5）砂率：根据选定的骨料级配和和易性要求，选择最优砂率。

（6）水泥：根据混凝土的强度、耐久性和温度控制要求，合理地选择水泥品种和强度等级。

（7）外加剂：为降低水泥用量，防止温度裂缝，提高混凝土耐久性能，应尽量掺入减水剂和引气剂等外加剂，天然骨料混凝土可掺用普通减水剂和引气剂，人工骨料混凝土宜掺用高效减水剂和引气剂。

（8）掺合料：为降低水泥用量，改善混凝土施工和易性，降低混凝土的泌水率，应考虑掺用优质掺合料（如粉煤灰等）。

3.1.2 设计基本资料

（1）建筑物设计对混凝土的要求：

1）各部位混凝土的强度等级及设计龄期。

2）各部位混凝土的抗冻、抗渗等级。

3）各部位混凝土的劈拉强度、极限拉伸、自生体积变形等要求。

4）混凝土强度保证率。

（2）施工对混凝土的要求：

1）施工部位允许的粗骨料最大粒径。

2）施工要求的坍落度及和易性。

3）混凝土强度均方差。

（3）原材料性能：

1）水泥品种、强度等级和密度。

2）粗骨料种类、级配和紧密密度。

3）细骨料种类、细度模数。

4）粗、细骨料的饱和面干表观密度和吸水率。

5）掺合料和外加剂的种类及其主要特性。

3.2 设计方法

3.2.1 设计步骤

在原材料已确定的条件下，选择配合比的主要步骤如下：

（1）根据设计要求的强度等级、耐久性、变形性能、热学性能选定水胶比。

（2）根据施工要求的和易性、坍落度和粗骨料最大粒径等选择砂率和用水量。

（3）按照"绝对体积法"或"密度法"计算砂石用量。

（4）通过试拌调整，确定适宜的配合比。

（5）验证确定的配合比各项性能是否满足设计要求。

3.2.2 设计方法

（1）混凝土配制强度的确定。根据混凝土的设计强度等级计算配制强度：

$$f_{cu,0} \geqslant f_{cu,k} + t\sigma \tag{3-1}$$

式中 $f_{cu,0}$——混凝土配制强度，MPa；

$f_{cu,k}$——设计的混凝土强度标准值，MPa；

t——保证率系数；

σ——混凝土强度标准差，MPa。

保证率系数 t 根据混凝土强度保证率确定（见表3-1）。一般国内大坝混凝土设计强度保证率为80%，水电站厂房等结构混凝土设计强度保证率为90%；可参照《混凝土重力坝设计规范》（DL 5108—1999）、《混凝土拱坝设计规范》（DL/T 5346—2006、SL 282—2003）、《面板堆石坝设计规范》（SL 228—98）等规范和《水工混凝土结构设计规范》（DL/T 5057—1996、SL/T 191—2008）有关规定和设计要求来确定。对于90d、180d或其他设计龄期的混凝土，其设计混凝土标准强度值采用相应设计龄期的混凝土强度等级。

表 3-1　　　　　　　　　　保证率和保证率系数关系表

保证率 P/%	70.0	75.0	80.0	84.1	85.0	90.0	95.0	97.7	99.9
保证率系数 t	0.525	0.675	0.840	1.0	1.040	1.280	1.645	2.0	3.0

混凝土强度标准差随施工单位混凝土生产系统质量水平、混凝土生产质量控制水平和原材料质量稳定情况而变化，可根据近期混凝土生产过程中随机抽样的强度值按式（3-

2）统计计算。在无试验资料时，不同强度等级混凝土相应的参考值见表 3-2。

$$\sigma = \sqrt{\frac{\sum\limits_{i=1}^{N} f_{cu,i}^2 - N u_{fcu}^2}{N-1}} \qquad (3-2)$$

式中　$f_{cu,i}$——统计时段内第 i 组混凝土强度值，MPa；

　　　　N——统计时段内同强度等级混凝土强度组数，不应少于 30 组；

　　　　u_{fcu}——统计时段内 N 组混凝土强度平均值，MPa。

表 3-2　　　　　　　　　　　标准差 σ 选用值　　　　　　　　　单位：MPa

混凝土抗压强度	≤15	20～25	30～35	40～45	50
σ	3.5	4.0	4.5	5.0	5.5

（2）选择水胶比。

1）根据配制强度选择水胶比：根据混凝土设计强度等级和配制强度，在适当范围内，选择 3～5 个水胶比，采用工程所用的原材料进行混凝土水胶比、掺合料掺量与强度关系试验，确定水胶比、掺合料掺量与强度关系，根据混凝土配置强度选择满足混凝土强度等级的水胶比和掺合料掺量。

2）在没有试验资料时，对于不掺外加剂的混凝土，可参考式（3-3）选择水灰比。

$$\frac{w}{c} = \frac{A f_{ce}}{f_{cu,0} + A B f_{ce}} \qquad (3-3)$$

式中　$f_{cu,0}$——混凝土配制强度，MPa；

　　　A、B——系数，通过试验成果计算确定，在无试验资料时可参考表 3-3 选择；

　　　　f_{ce}——水泥 28d 实测强度，MPa；

　　　　w/c——水灰比。

表 3-3　　　　　　　混凝土回归系数 A 和 B 参考值（90d 龄期）

骨料品种	水泥品种	粉煤灰掺量/%	A	B
碎石	中热 硅酸盐水泥	0～10	0.545	0.578
		20	0.533	0.659
		30	0.503	0.793
		40	0.339	0.447
	普通 硅酸盐水泥	0～10	0.478	0.512
		20	0.456	0.543
		30	0.326	0.578
		40	0.278	0.214
卵石	中热硅酸盐水泥	0	0.452	0.556
	低热硅酸盐水泥	0	0.486	0.745

3）根据工程需要，通过试验确定混凝土强度随龄期的增长系数，即在标准养护条件

下，各龄期强度与 28d 强度之比。常规混凝土强度增长关系见表 3-4。

表 3-4   常规混凝土强度增长关系表

水泥品种	粉煤灰掺量/%	龄期/d			
		7	28	90	180
普通硅酸盐水泥	0	80.2	100	118	127
	20	75.0	100	131	145
	30	70.7	100	133	155
中热硅酸盐水泥	0	73.6	100	117	120
	20	67.9	100	129	141
	30	61.6	100	141	156
	40	55.7	100	155	164

4）根据设计要求的抗渗、抗冻等级选择水胶比：根据设计要求的原材料（包括外加剂掺合料），通过混凝土配合比试验选定。在没有试验资料时，可参考混凝土抗渗等级与水胶比关系见表 3-5（混凝土中未掺外加剂及掺合料）和混凝土抗冻等级与最大允许水胶比见表 3-6 选定。

表 3-5   混凝土抗渗等级与水胶比关系表

混凝土抗渗等级	W_2	W_4	W_6	W_8	W_{10}
估计可达到要求的水胶比	<0.75	0.60～0.65	0.55～0.60	0.50～0.55	0.45～0.50

表 3-6   混凝土抗冻等级与最大允许水胶比

混凝土抗冻等级	F_{50}	F_{100}	F_{150}	F_{200}	F_{300}
掺引气剂混凝土	0.58	0.55	0.52	0.50	0.45

5）确定水胶比：最后确定的水胶比，应使混凝土既能满足强度等级和保证率的要求，同时满足抗渗、抗冻等级等耐久性的要求，混凝土水胶比最大允许值见表 3-7。

表 3-7   混凝土水胶比最大允许值

气候分区	大坝混凝土部位					
	上、下游水位以上（坝体外部）	上、下游水位变化区（坝体外部）	上、下游最低水位以下（坝体外部）	基础	内部	受水流冲刷部位
严寒地区	0.50	0.45	0.50	0.50	0.60	0.45
寒冷地区	0.55	0.50	0.55	0.55	0.65	0.50
温和地区	0.60	0.55	0.60	0.60	0.65	0.50

注　在有环境水侵蚀情况下，水位变化区外部及水下混凝土最大允许水胶比应减小 0.05。

（3）确定用水量。

1）混凝土用水量的确定。用水量与骨料最大粒径、砂率、外加剂的品种及掺量、是否掺用掺合料、施工要求的坍落度及和易性等因素有关。水胶比在 0.40～0.70 范围，混凝土用水量可参照表 3-8 和表 3-9 选用和调整，最后通过试验确定。

表 3-8　　　　　　　　　　　常规混凝土初选用水量表　　　　　　　　单位：kg/m³

混凝土坍落度 /mm	卵 石 最 大 粒 径				碎 石 最 大 粒 径			
	20mm	40mm	80mm	150mm	20mm	40mm	80mm	150mm
10～30	160	140	120	105	175	155	135	120
30～50	165	145	125	110	180	160	140	125
50～70	170	150	130	115	185	165	145	130
70～90	175	155	135	120	190	170	150	135

注　1. 本表适用于细度模数为 2.6～2.8 的天然中砂，当使用细砂或粗砂时，用水量需增加或减少 3～5kg/m³。
　　2. 采用人工砂时，用水量需增加 5～10kg/m³。
　　3. 掺入火山灰质掺合料时，用水量需增加 10～20kg/m³；采用Ⅰ级粉煤灰时，用水量可减少 5～10kg/m³。
　　4. 采用外加剂时，用水量应根据外加剂的减水率作适当调整，外加剂的减水率应通过试验确定。
　　5. 本表适用于骨料含水状态为饱和面干状态。

表 3-9　　　　　　　　　　原材料或其他条件变化后的调整参考值

变 化 条 件	调 整 值	
	砂率/%	用水量/(kg/m³)
改用碎石	+3～+5	+9～+15
采用需水量大的胶凝材料		+10～+20
坍落度每±1cm		±2～±3
砂率每±1%		±1.5
砂的细度模数每±0.1	±0.5	
水胶比每±0.05	±1.0	
含气量每±1%	±0.5～±1.0	±2～±3
采用优质外加剂		用水量酌减

注　混凝土用水量的调整以水胶比为 0.55、卵石、细度模数为 2.60 左右的天然砂、坍落度 5～7cm 为基准。

　　2）掺外加剂时的普通混凝土用水量可按式（3-4）计算：

$$m_w = m_{w0}(1-\beta) \tag{3-4}$$

式中　m_w——掺外加剂时混凝土用水量，kg；

　　　　m_{w0}——未掺外加剂时混凝土用水量，kg/m³；

　　　　β——外加剂减水率。

3.2.3　胶凝材料的计算

　　根据确定的水胶比、用水量按式（3-5）～式（3-7）确定：

$$m_c + m_F = \frac{m_w}{w/(c+F)} \tag{3-5}$$

$$m_c = (1-P_m)(m_c + m_F) \tag{3-6}$$

$$m_F = P_m(m_c + m_F) \tag{3-7}$$

式中　m_c——混凝土水泥用量，kg/m³；

　　　　m_F——混凝土掺合料用量，kg/m³；

m_w——混凝土用水量，kg/m^3；

P_m——掺合料掺量。

3.2.4 粗、细骨料用量的计算

（1）骨料级配及砂率的选择。水工混凝土所用石子按粒径依次分为 $5\sim20mm$、$20\sim40mm$、$40\sim80mm$、$80\sim150mm$（120mm）四个粒级。水工大体积混凝土宜尽量使用最大粒径较大的骨料，石子最佳级配（或组合比）应通过试验确定，一般以紧密堆积密度较大，用水量较小时的级配为宜。当无试验资料时，可按表 3-10 选取。

表 3-10　　　　　　　　　　　　石子组合比初选表

混凝土种类	级配	石子最大粒径 /mm	卵石 （小：中：大：特大）	碎石 （小：中：大：特大）
常态 混凝土	二	40	40：60：0：0	40：60：0：0
	三	80	30：30：40：0	30：30：40：0
	四	150	20：20：30：30	25：25：20：20

注　表中比例为质量比。

砂率是细骨料在粗、细骨料的实体积中所占的百分率。在砂子与石子的表观密度相近时，常以砂与石子的质量来代替实体积以求砂率。优质混凝土要求砂率适中，在此砂率下，混凝土拌和物既能满足施工和易性要求，又使每立方米混凝土用水量最小。砂率的选择应通过试拌确定。

试拌时，一般先按选定的水胶比选用几种砂率，每种相差 $1\%\sim2\%$，从最大的砂率开始，逐次递减，进行试拌，并建立砂率、水胶比（或胶凝材料用量）的关系曲线或图表。

当无试验资料时，砂率可按以下原则确定：混凝土坍落度小于 10mm 时，砂率应通过试验确定。混凝土坍落度为 $10\sim60mm$ 时，砂率可按表 3-11 初选并通过试验最后确定。混凝土坍落度大于 60mm 时，砂率可通过试验确定，也可在表 3-11 的基础上按坍落度每增大 20mm，砂率增大 1% 的幅度予以调整。

表 3-11　　　　　　　　　　　　常规混凝土砂率初选表

骨料最大粒径 /mm	水 胶 比			
	0.40	0.50	0.60	0.70
20	$36\sim38$	$38\sim40$	$40\sim42$	$42\sim44$
40	$30\sim32$	$32\sim34$	$34\sim36$	$36\sim38$
80	$24\sim26$	$26\sim28$	$28\sim30$	$30\sim32$
150	$20\sim22$	$22\sim24$	$24\sim26$	$26\sim28$

注　1. 本表适用于卵石、细度模数为 $2.6\sim2.8$ 的天然中砂拌制的混凝土。

　　2. 砂的细度模数每增减 0.1，砂率相应增减 $0.5\%\sim1.0\%$。

　　3. 使用碎石时，砂率需增加 $3\%\sim5\%$。

　　4. 使用人工砂时，砂率需增加 $2\%\sim3\%$。

　　5. 掺用引气剂时，砂率可减小 $2\%\sim3\%$；掺用粉煤灰时，砂率可减小 $1\%\sim2\%$。

（2）计算粗、细骨料用量。按已经确定的用水量、水泥用量和砂率，用"体积法"或"质量法"计算 $1m^3$ 混凝土中粗、细骨料用量。粗、细骨料用量均以饱和面干为准。

1）绝对体积法。假设新拌混凝土的体积等于各组成材料的绝对密实体积与所含空气体积之和。在确定水胶比及其用水量等参数的情况下，计算步骤如下：

A. 骨料的绝对体积：

$$V_{s,g} = 1 - \left(\frac{m_w}{\rho_w} + \frac{m_c}{\rho_c} + \frac{m_F}{\rho_F} + \alpha \right) \qquad (3-8)$$

式中　$V_{s,g}$——混凝土中粗、细骨料的绝对体积，m^3；

m_w——混凝土用水量，kg/m^3；

m_c——混凝土水泥或其他掺合料用量，kg/m^3；

m_F——混凝土掺和料用量，kg/m^3；

ρ_w——水的密度，kg/m^3；

ρ_c——水泥密度，kg/m^3；

ρ_F——粉煤灰或其他掺合料密度，kg/m^3；

α——混凝土含气量。

B. 细骨料用量：

$$m_s = V_{s,g} S_v \rho_s \qquad (3-9)$$

式中　m_s——混凝土中砂子用量，kg/m^3；

S_v——体积砂率；

ρ_s——砂子饱和面干表观密度，kg/m^3。

C. 粗骨料用量：

$$m_g = V_{s,g}(1 - S_v)\rho_g \qquad (3-10)$$

式中　m_g——混凝土粗骨料用量，kg/m^3；

ρ_g——石子饱和面干表观密度，kg/m^3。

D. 各级石子用量：按级配比例计算。

E. 求出混凝土配合比：按照上述步骤求出每立方米混凝土中水泥、掺合料、用水量、各级砂石骨料的用量。

2）质量法。混凝土配合比也可采用质量法进行计算。混凝土密度通过试验求得，在确定水胶比及用水量后，试拌时可参考表 3-12 假定密度，计算步骤如下。

表 3-12　　　　　　　　　　　　新拌混凝土密度参考值

混凝土种类	石子最大粒径				
	20mm	40mm	80mm	120mm	150mm
普通混凝土/(kg/m^3)	2380	2400	2430	2450	2460
引气混凝土/(kg/m^3)	2280(5.5%)	2320(4.5%)	2350(3.5%)	2380(3.0%)	2390(3.0%)

注　1. 适用于骨料表观密度为 2600～2650kg/m^3 的混凝土。

　　2. 骨料表观密度每减 100kg/m^3，混凝土拌和物质量相应增减 60kg/m^3；混凝土含气量每增、减 1%，拌和物质量相应增、减 1%。

　　3. 括弧内的数字为引气混凝土的含气量。

A. 砂石总质量：

$$m_{s,g} = m_{c,e} - (m_w + m_c + m_F) \qquad (3-11)$$

式中　　$m_{s,g}$——混凝土中砂石总质量，kg/m^3；

　　　　$m_{c,e}$——混凝土质量假定值，kg/m^3。

B. 砂子用量：

$$m_s = m_{s,g} S_m \qquad (3-12)$$

式中　　m_s——混凝土中砂子的质量，kg/m^3；

　　　　S_m——质量砂率，kg/m^3。

C. 粗骨料用量：

$$m_g = m_{s,g} - m_s \qquad (3-13)$$

式中　　m_g——混凝土中砂子的质量，kg/m^3。

D. 求出混凝土配合比：

$$胶凝材料：水：砂：石 = 1 : m_w : m_s : m_g$$

式中　　m_w——混凝土用水量，kg/m^3；

　　　　m_s——混凝土砂用量，kg/m^3；

　　　　m_g——混凝土粗骨料用量，kg/m^3。

3.2.5　混凝土施工配合比的调整和确定

（1）混凝土配合比试拌校正和性能测试。

1）混凝土出机性能：按计算出的混凝土配合比进行试拌校正，根据混凝土的坍落度、含气量、含砂和析水等情况判断混凝土拌和物的工作性，对初步确定混凝土配合比参数进行适当调整。用选定的水胶比和用水量，变动4~5个砂率、每次增减砂率1%~2%进行试拌，坍落度最大时的砂率即为最优砂率。用最优砂率试拌，调整用水量至混凝土拌和物满足工作性要求，然后提出进行混凝土抗压强度试验用的配合比。

2）混凝土强度试验至少应采用三个不同水胶比的配合比，其中一个应为确定的配合比，其他配合比的用水量不变，水胶比依次增减，变化幅度为0.05，砂率可相应增减1%。当不同水胶比的混凝土拌和物坍落度与要求值的差超过允许偏差时，可通过增、减用水量进行调整。

3）混凝土的强度指标：由于水利水电工程的原材料种类较多，性能差异较大，一般的水利水电工程在有条件的情况下，均采用工程所用的原材料进行有关试验，确定本工程的混凝土水胶比、掺合料掺量与强度关系试验；根据试配的配合比成型混凝土立方体试件，标准养护到规定龄期对混凝土的抗压强度、劈拉强度等强度进行验证试验，用得出混凝土抗压强度与水胶比关系曲线，用作图法或计算法求出与混凝土配制强度（$f_{cu,0}$）相对应的水胶比。

4）混凝土耐久和变形性能：按照限制最大水胶比确定的混凝土配合比，需要进行设计要求的耐久和变形性能试验，以确定选定配合比的耐久和变形性能。

5）材料用量的调整。①按上述试配结果，计算混凝土各项材料用量和比例；②经试配确定配合比后，尚应按下列步骤进行校正：

按确定的材料用量用式（3-14）计算每立方米混凝土拌和物的质量：

$$m_{c,c} = m_w + m_c + m_p + m_s + m_g \qquad (3-14)$$

按式（3-15）计算混凝土配合比校正系数 δ：

$$\delta = m_{c,t}/m_{c,c} \qquad (3-15)$$

式中　δ——配合比校正系数；

$m_{c,c}$——混凝土拌和物质量计算值，kg/m^3；

$m_{c,t}$——混凝土拌和物质量实测值，kg/m^3；

m_w——混凝土用水量，kg/m^3；

m_c——混凝土水泥用量，kg/m^3；

m_p——混凝土掺和料用量，kg/m^3；

m_s——混凝土砂子用量，kg/m^3；

m_g——混凝土石子用量，kg/m^3。

按校正系数 δ 对配合比中各项材料用量进行调整，即为调整的设计配合比。

（2）混凝土配合比的确定。

1）试拌调整后的混凝土配合比，在出机性能试验、混凝土强度、耐久性、变形性能试验结果均满足设计要求和施工要求时，可作为混凝土施工配合比用于工程。

2）当使用过程中遇下列情况之一时，应调整或重新进行配合比设计：①混凝土性能指标要求有变化时；②混凝土原材料品种、质量有明显变化时。

3.3　配合比设计计算实例

3.3.1　常规混凝土

已知：寒冷地区某大坝工程上下游水位变化区的混凝土强度等级为 $C_{90}25F_{300}W_{10}$，保证率 $P = 80\%$；采用中热硅酸盐 52.5 水泥，实测强度 52.5MPa，水泥密度 $3200kg/m^3$；粉煤灰密度 $2400kg/m^3$；坍落度 $50\sim70mm$；采用河砂和天然卵石，粗骨料饱和面干表观密度 $2700kg/m^3$，河砂细度模数 2.60，饱和面干表观密度 $2650kg/m^3$；特大石及大石为饱和面干状态，中石表面含水率 0.3%，小石表面含水率 0.8%，砂表面含水率 5.0%，试计算拌和量为 $1.0m^3$ 的施工配料单。

（1）有关配合比参数的选择。查表 3-1，当保证率 $P = 80\%$ 时，相应保证率系数 $t = 0.84$；查表 3-2 取 $C_{90}25$ 混凝土的标准差为 4.0MPa，按式（3-1）求得混凝土配制强度：

$$f_{cu,0} = f_{cu,k} + t\sigma = 25 + 0.84 \times 4.0 = 28.4MPa$$

参照式（3-3）及表 3-3，计算得水胶比为 0.57，对照表 3-5，水胶比为 0.50 可满足抗渗要求，但对照表 3-6 和表 3-7，上下游水位变化区的抗冻 F_{250} 要求混凝土水胶比不应超过 0.45，因此，水胶比应取 0.45。

根据粗骨料级配试验及施工情况，假定选用骨料级配特大石：大石：中石：小石 = 30：30：20：20，最大骨料粒径 150mm。考虑计算水胶比与实际采用水胶比相差较多，为降低混凝土强度及水泥用量，在混凝土中掺用 30% 粉煤灰；掺用普通减水剂 0.40%，引气剂 0.03‰；试拌结果，在和易性满足要求时，砂率 $S_m = 22\%$，用水量 $m_w = 85kg$。则：

胶凝材料用量：
$$m_c + m_F = 85 \div 0.45 = 189kg$$

水泥用量：
$$m_c = (m_c + m_F) \times 70\% = 189 \times 70\% = 132kg$$

粉煤灰用量：
$$m_F = (m_c + m_F) - m_c = 189 - 132 = 57kg$$

含气量：
$$a = 3.0\%$$

（2）配合比计算。

1）体积法计算：
$$V_{s,g} = 1 - \left(\frac{85}{1000} + \frac{132}{3200} + \frac{57}{2400} + 0.03 \right) = 0.82m^3$$

$$m_s = 0.82 \times 0.22 \times 2650 = 478kg$$

$$m_g = 0.82(1 - 0.22) \times 2700 = 1727kg$$

减水剂用量：
$$189 \times 0.40\% = 0.756kg$$

引气剂用量：
$$189 \times 0.03‰ = 5.67g$$

混凝土配合比：
$$\frac{w}{c + F} = 0.45$$

胶凝材料：
$$水：砂：石 = 1：2.53：9.14$$

2）质量法计算：

假定混凝土密度为 $2460kg/m^3$，则：
$$m_{s,g} = 2460 - (85 + 189) = 2186kg$$

$$m_s = 0.22 \times 2186 = 481kg$$

$$m_g = 2186 - 481 = 1705kg$$

减水剂用量：
$$189 \times 0.20\% = 0.756kg$$

引气剂用量：
$$189 \times 0.03‰ = 5.67g$$

经试拌，测混凝土密度与原假定基本相符。

混凝土配合比：
$$\frac{w}{c + F} = 0.45$$

胶凝材料：
$$水：砂：石 = 1：2.54：9.02$$

3）混凝土实际材料用量计算：按体积法计算每立方米混凝土实际材料用量，混凝土配料单见表 3-13。

3.3.2 泵送混凝土

（1）泵送混凝土所用原材料、配合比设计应符合下列规定：

1）宜选用硅酸盐水泥、中热硅酸盐水泥或普通硅酸盐水泥，不宜使用矿渣硅酸盐水泥或火山灰质硅酸盐水泥。

2）应选用质地坚硬、级配良好的中粗砂。

3）应选用连续级配骨料，骨料最大粒径不应超过40mm。骨料最大粒径与输送管径之比宜符合表3-14的规定。

4）应掺用坍落度经时损失小的泵送剂或缓凝高效减水剂、引气剂等。

表3-13　　　　　　　　　　　混凝土配料单表

项目	混凝土材料用量/(kg/m³)									
	水泥（70%）	粉煤灰（30%）	水	砂	骨　料				外加剂	
					特大石（30%）	大石（30%）	中石（20%）	小石（20%）	减水剂（0.40%）	引气剂（0.03‰）
理论用量	132	57	85	478	519	518	345	345	0.756	0.00567
表面含水率或浓度				5.0			0.3	0.8	浓度10%	浓度1%
校正值			−35.1	23.9			1.0	2.8	6.8	0.6
实际用量	132	57	49.9	503	519	518	347	349	7.56	0.57

注　理论用量中砂、石骨料的用量均以饱和面干状态为准。

表3-14　　　　　　　　　　骨料最大粒径与输送管径之比表

石子品种	泵送高度/m	骨料最大粒径与输送管径之比
碎石	<50	≤1∶3.0
	50~100	≤1∶4.0
	>100	≤1∶5.0
卵石	<50	≤1∶2.5
	50~100	≤1∶3.0
	>100	≤1∶4.0

5）宜掺用粉煤灰等活性掺合料。

6）水胶比不宜大于0.60。

7）胶凝材料用量不宜低于300kg/m³。

8）砂率宜为35%~45%。

（2）实例。已知：某地下厂房泵送混凝土强度等级为$C_{35}F_{100}W_{10}$，保证率$P=95\%$；采用中热硅酸盐52.5水泥，实测强度52.5MPa，水泥密度3200kg/m³；粉煤灰密度2400kg/m³；坍落度14~18cm；采用河砂和天然卵石，粗骨料饱和面干表观密度2700kg/m³，河砂细度模数2.60，饱和面干表观密度2650kg/m³；中石表面含水率0.3%，小石表面含水率0.8%，砂表面含水率5.0%，试计算拌和量1.0m³的泵送混凝土施工配料单。

1）有关泵送混凝土配合比参数的选择。查表3-1，当保证率$P=95\%$时，相应保证率系数$t=1.645$；查表3-2取C35混凝土的标准差为4.5MPa，按式（3-16）求得混凝土：

$$f_{cu,0} = f_{cu,k} + t\sigma = 35 + 1.645 \times 4.5 = 42.4 \text{MPa} \tag{3-16}$$

查表 3-4，28d 龄期配制强度 42.4MPa，其 90d 龄期配制强度为 54.7MPa，参照式 (3-3) 及表 3-3，计算得水胶比为 0.35，对照表 3-5～表 3-7，水胶比为 0.35 可满足抗渗、抗冻要求。因此，取水胶比 0.35。

根据粗骨料级配试验及施工情况，采用最小空隙率原则进行粗骨料最佳级配，选用骨料级配中石：小石＝50：50，最大骨料粒径 40mm。采用确定的水胶比 0.35 优选出最优砂率为 41%。为降低混凝土强度及水泥用量，在混凝土中掺用 20% 粉煤灰；掺用缓凝高效减水剂 0.80%，引气剂 0.03‰；试拌结果，在和易性满足要求时，用水量 $m_w = 135 \text{kg}$。则：

胶凝材料用量： $\qquad m_c + m_F = 135 \div 0.35 = 386 \text{kg}$

水泥用量： $\qquad m_c = (m_c + m_F) \times 80\% = 309 \text{kg}$

粉煤灰用量： $\qquad m_F = (m_c + m_F) - m_c = 386 - 309 = 77 \text{kg}$

含气量： $\qquad a = 5.0\%$

2）配合比计算。

A. 体积法计算：

$$V_{s,g} = 1 - \left(\frac{135}{1000} + \frac{309}{3200} + \frac{77}{2400} + 0.05 \right) = 0.686 \text{m}^3$$

$$m_s = 0.686 \times 0.41 \times 2650 = 745 \text{kg}$$

$$m_g = 0.686 \times (1 - 0.41) \times 2700 = 1093 \text{kg}$$

减水剂用量 $= 386 \times 0.80\% = 3.088 \text{kg}$

引气剂用量 $= 386 \times 0.03‰ = 11.58 \text{g}$

混凝土配合比： $\qquad \dfrac{w}{c+F} = 0.35$

胶凝材料： $\qquad$ 砂：石 $= 1 : 1.93 : 2.83$

B. 质量法计算：

假定混凝土密度为 2340kg/m³，则：

$$m_{s,g} = 2340 - (386 + 135) = 1819 \text{kg}$$

$$m_s = 0.41 \times 1799 = 746 \text{kg}$$

$$m_g = 1799 - 738 = 1073 \text{kg}$$

减水剂用量： $\qquad 386 \times 0.80\% = 3.088 \text{kg}$

引气剂用量： $\qquad 386 \times 0.03‰ = 11.58 \text{g}$

经试拌，测混凝土密度与原假定基本相符。

混凝土配合比： $\qquad \dfrac{w}{c+F} = 0.35$

胶凝材料： $\qquad$ 水：砂：石 $= 1 : 1.93 : 2.78$

C. 混凝土实际材料用量计算：按体积法计算每立方米混凝土实际材料用量，见表 3-15。

表 3 – 15 泵送混凝土配料单表

项目	混凝土材料用量/(kg/m³)							
	水泥（80%）	粉煤灰（20%）	水	砂	骨料		外加剂	
					中石（50%）	小石（50%）	减水剂（0.80%）	引气剂（0.03‰）
理论用量	309	77	135	745	547	546	3.088	0.01158
表面含水率或浓度				5	0.3	0.8		浓度1%
校正值			−44.3	37.2	1.6	4.4		1.1
实际用量	309	77	90.7	782	549	550	3.088	1.158

注 理论用量中砂、石骨料的用量均以饱和面干状态为准。

3.3.3 富浆混凝土

已知：混凝土性能要求和使用的原材料品质同 3.3.1 节，试计算拌和量为 1.0m³ 用于施工缝铺筑的三级配富浆混凝土施工配料单。

（1）常态混凝土配合比有关参数的选择。按照 3.3.1 节方法，选用骨料级配大石：中石：小石＝40：30：30，最大骨料粒径 80mm。混凝土中掺用 30% 粉煤灰；掺入普通减水剂 0.40%，引气剂 0.03‰；经试算确定：在和易性满足要求时，砂率 $S_m＝27\%$，用水量 $m_w＝90kg$。

（2）富浆混凝土配合比有关参数的选择。富浆混凝土可在常规混凝土最优砂率的基础上，增加 2%～4% 的砂率（保持水灰比不变）以增加混凝土内的浆体体积。选取三级配富浆混凝土砂率 $S_m＝29\%$，根据表 3 – 9 确定用水量 $m_w＝93kg$。则：

胶凝材料用量 $\qquad m_c＋m_F＝93÷0.45＝207kg$

水泥用量 $\qquad m_c＝(m_c＋m_F)×70\%＝207×70\%＝145kg$

粉煤灰用量 $\qquad m_F＝(m_c＋m_F)－m_c＝207－145＝62kg$

含气量 $a＝3.5\%$

（3）富浆混凝土配合比计算。

1）体积法计算：

$$V_{s·g}＝1-\left(\frac{93}{1000}＋\frac{145}{3200}＋\frac{62}{2400}＋0.035\right)＝0.80m³$$

$$m_s＝0.80×0.29×2650＝615kg$$

$$m_g＝0.80×(1-0.29)×2700＝1534kg$$

减水剂用量： $\qquad 207×0.40\%＝0.828kg$

引气剂用量： $\qquad 207×0.03‰＝6.21g$

混凝土配合比： $\qquad \dfrac{w}{c＋F}＝0.45$

胶凝材料： $\qquad$ 水：砂：石＝1：2.97：7.41

2）质量法计算：假定混凝土密度为 2430kg/m³，则：

$$m_{s,g}=2430-(93+207)=2130\text{kg}$$

$$m_s=0.29\times2130=617.7\text{kg}$$

$$m_g=2110-612=1498\text{kg}$$

减水剂用量：　　　　　　　$207\times0.40\%=0.828\text{kg}$

引气剂用量：　　　　　　　$207\times0.03‰=6.21\text{g}$

经试拌，测混凝土密度与原假定基本相符。

混凝土配合比：　　　　　　　$\dfrac{w}{c+F}=0.45$

胶凝材料：　　　　水：砂：石$=1:2.98:7.30$

3）混凝土实际材料用量计算：按体积法计算每立方米富浆混凝土实际材料用量，见表 3-16。

表 3-16　　　　　　　　　　　　混凝土配料单表

项目	混凝土材料用量/(kg/m³)								
	水泥 （70%）	粉煤灰 （30%）	水	砂	骨　料			外加剂	
					大石 （40%）	中石 （30%）	小石 （30%）	减水剂 （0.40%）	引气剂 （0.03‰）
理论用量	145	62	93	615	614	460	460	0.828	0.00621
表面含水率或浓度				5.0		0.3	0.8	浓度10%	浓度1%
校正值			-44	30.8		1.4	3.7	7.5	0.6
实际用量	145	62	49	646	614	461	464	8.28	0.62

注　理论用量中砂、石骨料的用量均以饱和面干状态为准。

4 碾压混凝土配合比设计

4.1 设计原则与基本资料

4.1.1 设计原则

碾压混凝土配合比设计应在满足设计要求的强度、密度、抗裂性、耐久性和施工和易性要求的条件下，经济合理地选出混凝土单位体积中各种组成材料的用量。

（1）水胶比：它是决定混凝土强度和耐久性能的主要因素。所以，水胶比主要根据设计要求的强度和耐久性选定。永久建筑物混凝土胶凝材料的用量不宜低于 $130kg/m^3$。

（2）用水量：在满足施工 VC 值要求的条件下，考虑夏季温控混凝土加冰的要求，确定混凝土单位用水量。

（3）最大粗骨料粒径：根据结构断面和混凝土配筋率以及施工设备条件等情况选择骨料粒径，为减少混凝土分离，粗骨料最大粒径一般不宜超过80mm。

（4）骨料级配：根据就地取材的原则，选择空隙率较小的级配，兼顾减少混凝土分离及料场天然级配或骨料实际生产级配情况，尽量减少弃料。

（5）砂及砂率：当采用人工骨料时，人工砂的石粉（小于0.16mm颗粒）含量宜控制在 $10\%\sim22\%$，最佳石粉含量应通过试验确定。根据选定的骨料级配和可碾性要求，选择最优砂率。

（6）水泥：应选用强度等级不低于32.5级的硅酸盐水泥、普通硅酸盐水泥、中热硅酸盐水泥、低热硅酸盐水泥和低热矿渣硅酸盐水泥。根据混凝土的强度、耐久性和温度控制要求，合理地选择水泥品种和强度等级。

（7）外加剂：宜掺用优质高效减水剂和引气剂。

（8）掺合料：根据就近取材的原则，掺加粉煤灰、矿渣、石粉等掺合料，在条件允许时，优先考虑掺用优质掺合料（如粉煤灰等），掺合料掺量一般不超过65%，掺量超过65%时，应通过试验论证；

（9）VC 值：碾压混凝土拌和物的 VC 值现场宜选取在 $2\sim12s$，机口宜为 $2\sim8s$。为增强碾压混凝土层间结合，VC 值在不陷碾的前提下宜取小值。

4.1.2 设计基本资料

（1）进行碾压混凝土配合比设计时，应收集的设计基本资料：

1）混凝土强度及保证率。

2）混凝土的抗渗等级、抗冻等级等。

3）设计提出的其他性能指标。

（2）进行碾压混凝土配合比设计时，应收集的施工基本资料：

1）施工部位允许的粗骨料最大粒径。

2）施工要求 VC 值。

3）混凝土强度均方差。

（3）原材料性能。

1）水泥的品种、品质、强度等级、密度等。

2）粗骨料岩性、种类、级配、表观密度、吸水率等。

3）细骨料岩性、种类、级配、表观密度、细度模数、吸水率等。

4）外加剂种类、品质等。

5）掺和料的品种、品质等。

6）拌和用水品质。

4.2　设计方法

4.2.1　设计步骤

（1）设计步骤。在原材料已确定的条件下，选择配合比的主要步骤如下：

1）根据设计要求的强度等级、耐久性、变形性能、热学性能选定水胶比。

2）根据施工要求的工作性、粗骨料最大粒径和可碾性等选择砂率和用水量。

3）按照"绝对体积法"或"密度法"或"填充包裹法"计算砂石用量。

4）通过试拌调整，确定适宜的配合比。

5）验证确定的配合比各项性能是否满足设计要求，确定最终混凝土配合比。

（2）设计方法。碾压混凝土配合比设计的基本方法有绝对体积法、密度法和填充包裹法。

4.2.2　胶凝材料的计算

（1）根据混凝土的设计强度等级计算配制强度：

$$f_{cu,0} = f_{cu,k} + t\sigma \tag{4-1}$$

式中　　$f_{cu,0}$——混凝土配制强度，MPa；

　　　　$f_{cu,k}$——设计的混凝土强度标准值，MPa；

　　　　t——保证率系数；

　　　　σ——混凝土强度标准差，MPa。

保证率系数 t 根据混凝土强度保证率确定（见表 4-1）。一般国内大坝混凝土设计强度保证率为 80%，水电站厂房等结构混凝土设计强度保证率为 90%；可参照《混凝土重力坝设计规范》（DL 5108—1999）、《混凝土拱坝设计规范》（DL/T 5346—2006、SL 282—2003）和《水工混凝土结构设计规范》（DL/T 5057—1996、SL/T 191—96）的有关规定和设计要求来确定。

表 4-1

P/%	80	85	90	95
t	0.84	1.04	1.28	1.65

混凝土强度标准差随施工单位混凝土生产系统质量水平、混凝土生产质量控制水平和原材料质量稳定情况而变化，可根据近期混凝土生产过程中随机抽样的强度值按式（4-2）统计计算。在无试验资料时，不同强度等级混凝土相应的参考值可参照表 4-2。

$$\sigma = \sqrt{\frac{\sum\limits_{i=1}^{N} f_{cu,i}^2 - N u_{fcu}^2}{N-1}} \qquad (4-2)$$

式中　$f_{cu,i}$——统计时段内第 i 组混凝土强度值，MPa；

　　　N——统计时段内同强度等级混凝土强度组数，不应少于 25 组；

　　　u_{fcu}——统计时段内 N 组混凝土强度平均值，MPa。

表 4-2   混凝土强度等级相应标准差一般参考值

混凝土强度等级	≤C₉₀15	C₉₀20~C₉₀25	C₉₀30~C₉₀35	C₉₀40
σ	3.5	4.0	4.5	5.0

（2）水胶比和掺合料掺量选择：根据配制强度、强度保证率等要求，选择适用范围的 3~5 个水胶比，建立不同龄期、不同掺合料掺量的强度与胶水比关系。水胶比同时应满足抗渗、抗冻等级等耐久性的要求，并不应超过表 4-3 的规定。

表 4-3   水胶比最大允许值

气候分区	大坝混凝土分区				
	Ⅰ	Ⅱ	Ⅲ	Ⅳ	Ⅴ
	上、下游水位以上	上、下游水位变化区	上、下游最低水位以下	基础	内部
严寒地区	0.50	0.45	0.50	0.50	0.60
寒冷地区	0.55	0.50	0.55	0.55	0.65
温和地区	0.60	0.55	0.60	0.60	0.65

（3）最佳骨料级配的确定。一般石子按粒径依次分为 5~20mm、20~40mm、40~80mm 三个粒级。石子最佳级配（或组合比）应通过试验确定，一般以紧密堆积密度较大、用水量较小时的级配为宜，同时综合考虑减小碾压混凝土分离和减少弃料。当无试验资料时，可按表 4-4 选取。

（4）最佳砂率的确定。混凝土配合比宜选取最优砂率。最优砂率应根据骨料品种、品质、粒径、水胶比和砂的细度模数等通过试验选取。最佳砂率的评定标准为：①骨料分离少；②在固定水胶比及用水量条件下，拌和物 VC 值小，混凝土密度大、强度高。

表 4 - 4　　　　　　　　　　　　　粗 骨 料 组 合 初 选 表

混凝土种类	级配	石子最大粒径/mm	卵石（小：中：大：特大）	碎石（小：中：大：特大）
碾压混凝土	二	40	50：50：—：—	50：50：—：—
	三	80	30：40：30：—	30：40：30：—

注　表中比例为质量比。

　　试拌时，一般先按选定的水胶比选用几种砂率，每种相差 $1\%\sim2\%$，从最大（或最小）的砂率开始，逐次递减（加），进行试拌，比较混凝土拌和物的性能及强度，从而确定最佳砂率。

　　为了减少骨料分离，改善碾压混凝土的可碾性并适当降低混凝土的弹性模量，可在最佳砂率的基础上适当提高 $2\%\sim4\%$ 的砂率。

　　（5）单位用水量的确定。根据确定的砂率和骨料级配，进行混凝土 VC 值与用水量关系试验，选出满足施工要求的单位用水量。用水量大小与骨料最大粒径、砂率、外加剂的品种及掺量、掺合料掺量及品种、施工要求的工作性等因素有关，可见表 4 - 5 和表 4 - 6 选用和调整，最后通过试验确定。

表 4 - 5　　　　　　　　　碾压混凝土初选用水量表　　　　　　　　单位：kg/m^3

碾压混凝土 VC 值/s	卵石最大粒径/mm		碎石最大粒径/mm	
	40	80	40	80
1～5	85～100	75～90	100～115	85～100
5～10	80～95	70～85	95～110	80～95

注　1. 本表适用于细度模数为 2.4～2.8 的中砂，当使用细砂或粗砂时，用水量需增加或减少 3～5kg/m³；
　　2. 本表适用于骨料含水状态为饱和面干状态。

表 4 - 6　　　　　　　　　原材料或其他条件变化后的调整参考值

变 化 条 件	调 整 值	
	砂率/%	用水量/（kg/m³）
采用需水量大的胶凝材料		＋10～＋20
砂率每±1%		±1.5
砂的细度模数每±0.1	±0.5	
水胶比每±0.05	±1.0	
含气量每±1%	±0.5～±1.0	±2～±3
采用优质外加剂		用水量酌减

　　（6）胶凝材料计算。按已经确定的水胶比、单位用水量，混凝土的胶凝材料用量（m_c+m_F）、水泥用量（m_c）和掺和料用量（m_F）按式（4 - 3）～式（4 - 5）计算：

$$m_c+m_F=\frac{m_w}{\dfrac{w}{c+F}} \qquad (4-3)$$

$$m_c = (1 - P_m)(m_c + m_F) \qquad (4-4)$$

$$m_F = P_m(m_c + m_F) \qquad (4-5)$$

式中　　m_c——混凝土水泥用量，kg/m³；

m_F——混凝土掺和料用量，kg/m³；

m_w——混凝土用水量，kg/m³；

P_m——掺合料掺量；

$\dfrac{w}{c+F}$——水胶比。

4.2.3　粗细骨料用量计算

按已经确定的用水量、水泥用量和砂率，用"绝对体积法"或"密度法"计算 1m³ 混凝土中粗、细骨料用量。粗、细骨料用量均以饱和面干为准。

（1）绝对体积法。基本原理是混凝土拌和物的体积等于各组成材料的绝对体积与空气体积之和。

每立方米混凝土中砂子和石子的绝对体积为：

$$V_{s,g} = 1 - \left(\frac{m_w}{\rho_w} + \frac{m_c}{\rho_c} + \frac{m_F}{\rho_F} + \alpha \right) \qquad (4-6)$$

砂子用量：

$$m_s = V_{s,g} S_v \rho_s \qquad (4-7)$$

石子用量：

$$m_g = V_{s,g} (1 - S_v) \rho_g \qquad (4-8)$$

式中　　$V_{s,g}$——砂子和石子的绝对体积，m³；

m_w——混凝土用水量，kg/m³；

m_c——混凝土水泥用量，kg/m³；

m_F——混凝土掺合料用量，kg/m³；

m_s——混凝土砂子用量，kg/m³；

m_g——混凝土石子用量，kg/m³；

α——混凝土含气量；

S_v——砂率；

ρ_w——水的密度，kg/m³；

ρ_c——水泥密度，kg/m³；

ρ_F——掺合料密度，kg/m³；

ρ_s——砂子饱和面干表观密度，kg/m³；

ρ_g——石子饱和面干表观密度，kg/m³。

各级石子用量按选定的级配比例计算，外加剂掺量按胶凝材料质量的百分比计。

（2）密度法。当砂子与石子的表观密度相近时，可以采用密度法进行混凝土配合比计算，基本原理是单位体积混凝土拌和物的质量等于各组成材料质量之和。

砂石总质量：

$$m_{s,g} = m_{c,e} - (m_w + m_c + m_F) \qquad (4-9)$$

砂子用量：

$$m_s = m_{s,g} S_m \frac{\rho_s}{\rho_{sg}} \qquad (4-10)$$

石子用量：

$$m_g = m_{s,g} - m_s \qquad (4-11)$$

式中　$m_{s,g}$——混凝土中砂子和石子总质量，kg/m^3。

　　　$m_{c,e}$——混凝土拌和物的质量假定值，kg/m^3；

　　　m_w——混凝土用水量，kg/m^3；

　　　m_c——混凝土水泥用量，kg/m^3；

　　　m_F——混凝土掺合料用量，kg/m^3；

　　　m_s——混凝土砂子用量，kg/m^3；

　　　m_g——混凝土石子用量，kg/m^3；

　　　S_m——砂率；

　　　ρ_{sg}——砂石饱和面干表观密度加权平均值，kg/m^3。

各级石子用量按选定的级配比例计算，外加剂掺量按胶凝材料质量的百分比计。

4.2.4　混凝土配合比的试拌、调整和确定

（1）混凝土配合比试拌校正和性能测试。

1）混凝土出机性能：计算出的混凝土配合比需要经过试拌校正，根据混凝土的工作性、含气量、抗分离性等情况，对混凝土配合比参数进行适当调整，使混凝土出机性能满足设计和施工的需要。

2）混凝土的强度指标：由于水利水电工程的原材料种类较多，性能差异较大，一般的水利水电工程在有条件的情况下，均采用工程所用的原材料进行有关试验，确定本工程的混凝土水胶比—掺合料掺量—强度关系试验。

根据设计强度等级、配置强度和强度保证率，通过混凝土水胶比—掺合料掺量—强度关系曲线确定混凝土配合比参数。

在选择确定实际使用配合比后，仍需要对混凝土的抗压强度、劈拉强度等强度进行验证试验，根据试验结果确定最终配合比。

3）混凝土耐久性、变形性能和热学性能：按照限制最大水胶比确定的混凝土配合比，需要进行设计要求的耐久性、变形性能和热学性能试验，以确定选定配合比的各项性能满足设计要求。

（2）混凝土配合比的确定。计算出的混凝土配合比，经过试拌校正，通过验证混凝土出机性能试验、混凝土强度指标和混凝土耐久性、变形性能和热学性能满足设计和施工要求，最终确定出满足设计和施工要求的混凝土配合比。

（3）当使用过程中遇下列情况之一时，应调整或重新进行配合比设计：

1）对混凝土性能指标要求有变化时。

2）混凝土原材料品种和质量有明显变化时。

4.2.5 灰浆填充系数和砂浆填充系数

混凝土由固相变为液相，细骨料孔隙被灰浆所填充，灰浆体积与砂孔隙体积之比称为灰浆填充系数。粗骨料孔隙被砂浆所填充，砂浆体积与粗骨料孔隙体积之比称为砂浆填充系数。

在实际施工中，为增加混凝土工作性并增加混凝土的可碾性，除了填充孔隙外，还应有富裕的灰浆和砂浆来包裹粗、细骨料表面，因此一般取灰浆填充系数 $\alpha=1.2\sim1.4$，砂浆填充系数 $\beta=1.4\sim1.7$。根据 α、β 的定义，则：

$$\alpha=(1-S/\rho_s-G/\rho_G)/(S/\gamma_s-S/\rho_s) \tag{4-12}$$

$$\beta=(1-G/\rho_G)/(G/\gamma_G-G/\rho_G) \tag{4-13}$$

4.3 计算实例

已知：某寒冷地区一工程上下游水位以下的碾压混凝土设计要求为 $C_{90}20F_{200}W_8$，保证率 $P=80\%$；采用 42.5 中热硅酸盐水泥，Ⅱ 粉煤灰，掺量 55%，粗骨料为花岗岩三级配人工碎石，细骨料为人工砂，减水剂掺量为胶凝材料的 0.7%，引气剂掺量为 2.5/万。水泥密度为 3100kg/m³；粉煤灰密度为 2200kg/m³；粗骨料饱和面干密度为 2680kg/m³，细骨料饱和面干表观密度 2660kg/m³；大石为饱和面干状态，中石表面含水率 0.5，小石表面含水率 0.8%，砂表面含水率 5.0%，试计算拌和量为 1.0m³ 的施工配料单。

（1）有关参数的选择查表 4-1，当保证率 $P=80\%$ 时，相应保证率系数 $t=0.84$；查表 4-2，C_{20} 混凝土的标准差为 4.0MPa，按式（4-1）求得混凝土配制强度：

$$f_{cu,0}=f_{cu,k}+t\sigma=20+0.84\times4.0=23.36\text{MPa}$$

参照其他工程经验及表 4-3，选定水胶比为 0.50，可以满足混凝土强度及抗渗、抗冻要求。

根据粗骨料级配试验情况，考虑减少骨料分离，选用骨料级配大石：中石：小石＝30：40：30，最大骨料粒径 80mm。根据试拌试验结果，选定砂率为 33%，控制出机 VC 值 3～8s 时，用水量 $w=78\text{kg/cm}^3$。则：

胶凝材料用量： $\qquad c+F=78\div0.50=156\text{kg}$

水泥用量： $\qquad c=(c+F)\times45\%=70\text{kg}$

粉煤灰用量： $\qquad F=(c+F)\times55\%=86\text{kg}$

含气量： $\qquad\qquad \alpha=3.0\%$

（2）配合比计算。

1）绝对体积法计算：

$$V_{s,g}=1-\left(\frac{m_w}{\rho_w}+\frac{m_c}{\rho_c}+\frac{m_F}{\rho_F}+\alpha\right)=1-\left(\frac{78}{1000}+\frac{70}{3100}+\frac{86}{2200}+3.0\times0.01\right)=0.83\text{m}^3$$

$$m_s=V_{s,g}S_v\rho_s=0.83\times0.33\times2660=729\text{kg}$$

$$m_g=V_{s,g}(1-S_v)\rho_g=0.83\times(1-0.33)\times2680=1490\text{kg}$$

$$\text{减水剂用量}=156\times0.70\%=1.092\text{kg}$$

$$\text{引气剂用量}=156\times2.5/\text{万}=0.039\text{kg}$$

混凝土配合比：

$$\frac{w}{c+F}=0.50$$

胶凝材料： 水：砂：石 $=1:0.50:4.673:9.551$

2) 密度法计算：假定混凝土密度为 2460kg/m^3，则：

$$m_{s,g}=m_{c,e}-(m_w+m_c+m_F)=2460-(78+156)=2226\text{kg}$$

$$\rho_{sg}=2660\times0.33+2680(1-0.33)=2673\text{kg}$$

$$m_s=\frac{2660}{2673}\times0.33\times2226=731\text{kg}$$

$$m_g=2226-731=1495\text{kg}$$

减水剂用量： $156\times0.70\%=1.092\text{kg}$

引气剂用量： $156\times2.5/\text{万}=0.039\text{kg}$

经试拌检测，测混凝土密度与原假定基本相符。

混凝土配合比：

$$\frac{w}{c+F}=0.50$$

胶凝材料： 水：砂：石 $=1:0.55:4.686:9.519$

3) 混凝土实际材料用量计算：按体积法计算每方混凝土实际材料用量，见表 4-7。

表 4-7 混 凝 土 配 料 单 表

项目	混凝土材料用量/(kg/m³)								
	水泥	粉煤灰	水	砂	骨 料			外加剂	
					大石	中石	小石	减水剂	引气剂
	45%	55%			30%	40%	30%	0.7%	2.5/万
理论用量	70	86	78	729	447	596	447	1.092	0.039
表面含水率或浓度				5		0.5	0.8	浓度20%	浓度1%
校正值			−51.3	36.4		3	3.6	4.4	3.9
实际用量	70	86	26.7	765	447	599	451	5.46	3.9

注 理论用量中砂、石骨料的用量均以饱和面干状态为准。

4) 验证 α、β。根据试验结果，砂的紧密密度为 1800kg/m^3，石子的紧密密度为 1780kg/m^3。

则 $\alpha=(1-729/2660-1490/2680)/(729/1880-729/2660)=1.49$

$\beta=(1-1490/2680)/(1490/1780-1490/2680)=1.58$

α、β 的值均在要求范围内。

5 特种混凝土配合比设计

5.1 纤维混凝土配合比设计

5.1.1 简述

纤维增强混凝土是以水泥净浆、砂浆或混凝土作基体，以非连续的短纤维或连续的长纤维作增强材料所组成的水泥基复合材料的总称，通常称为"纤维混凝土"。纤维混凝土主要包括聚丙烯纤维混凝土、钢纤维混凝土、玻璃纤维混凝土、尼龙纤维混凝土与碳纤维混凝土。其主要技术性能和适用条件见表 5-1。

表 5-1　　　　　　　　　　纤维混凝土的主要技术性能和适用条件表

类别	主 要 技 术 性 能	适 用 条 件
聚丙烯纤维混凝土（砂浆）	具有良好的冲击性、抗裂性及抗疲劳性和分散性，搅拌过程中不结团，与水泥基体具有良好的黏结强度	用于面板堆石坝面板的抗裂、各种输水泄水建筑物过流面的抗磨蚀；路桥工程、工业与民用建筑、高边坡及地下洞室喷射混凝土和预制构件
钢纤维混凝土	具有抗裂性好、弯曲韧性优良、抗冲击性能强的特性	用于隧道衬砌和水工抗磨蚀混凝土；道路、桥面铺设、刚性防水屋面、压力输水管道、轨枕
玻璃纤维混凝土（砂浆）	有较高的韧性、不透水性和较高的耐火性，抗压强度稍有下降	使用温度不宜超过 80℃，适用于非承重与次要承重的构件和制品，水利工程中应用的有沉沙池斜板和护岸板等
尼龙纤维混凝土	抗拉强度、抗折强度、抗压强度较不掺的混凝土有提高，且混凝土的韧性和抗冲击性及抗收缩性、抗渗性等亦有不同程度的改善	用于模板、盖板的预制品；停车场、人行道、车行道的现浇混凝土以及喷射混凝土
碳纤维混凝土	与硅酸盐水泥的化学相容性好；耐热性好，具导电性。表面憎水，与水泥基体的黏结性较差，搅拌过程中易结团	主要用于导电混凝土以及预制墙板、地板和模板等

5.1.2 聚丙烯纤维混凝土（砂浆）

5.1.2.1 原材料的技术要求

聚丙烯纤维是由丙烯聚合物制成的烯烃类纤维，其表面具有憎水性，强度高，相对密度小，不吸水，耐酸、碱、盐等化学腐蚀，无毒性等性能。在水泥砂浆或混凝土中掺入少量的（≥0.05%体积比）聚丙烯纤维能有效地抑制混凝土塑性收缩开裂，改善混凝土抗渗、抗冻、抗冲磨等性能，提高其柔韧性、抗冲击性、抗疲劳性。对于高强混凝土，因为水泥用量较多，容易产生裂缝，掺入聚丙烯纤维可有效抑制混凝土裂缝的产生，聚丙烯纤维性能见表5-2。

表 5-2   聚 丙 烯 纤 维 性 能 表

相对密度	长度/mm	直径/μm	燃点/℃	熔点/℃	抗拉强度/MPa	极限拉伸/%	杨氏弹性模量/MPa
0.91	5～51	30～60	590	160～170	200～300	15	3400～3500

注　聚丙烯纤维耐燃性差，燃烧时聚合物挥发；弹性模量低，极限延伸率大；加抗老化剂后，在紫外线与氧气作用下不易老化。

5.1.2.2 经济性

聚丙烯纤维混凝土有较好的经济性，在我国目前的条件下，以桥梁、高速公路的路面为例：采用厚65mm的耐磨、防寒、抗裂铺装层，分别用聚丙烯纤维混凝土、钢纤维混凝土和钢丝网加固面层进行比较，则每平方米铺装层材料价格分别为人民币9.6元、29.3元、26元，说明聚丙烯纤维混凝土是最经济的。

5.1.2.3 配合比设计

（1）可使用32.5和42.5的硅酸盐水泥或普通硅酸盐水泥。

（2）纤维混凝土（砂浆）的配合比无特殊要求，其配合比设计同常规混凝土和砂浆，可适当掺用粉煤灰。用于水工混凝土的纤维建议掺量：每立方米混凝土0.9kg，最高掺量一般不大于2.0kg/m³。

（3）配制水泥砂浆时，砂子的最大粒径为5mm，灰砂比可取1:1～1:3，水灰比可取0.45～0.50（若掺减水剂，水灰比可适当放小）。纤维长度可取12～25mm。

（4）配制混凝土时，石子的最大粒径可取20mm，水泥:砂:石=1:2:2～1:3:3，水灰比可取0.55～0.60（若掺减水剂，水灰比可适当放小）。纤维长度可取15～20mm，纤维体积率可取0.1%～0.2%。

（5）配制喷射聚丙烯纤维混凝土时，石子的最大粒径可取15mm，水泥与骨料之比可取1:4～1:5，单方混凝土水泥用量以350～400kg为宜，聚丙烯纤维的掺量一般为0.6～0.9kg/m³，砂率可取45%～55%，水灰比可取0.4～0.5（若掺减水剂，水灰比可适当放小）。

（6）为改善聚丙烯纤维拌合物的和易性，可掺适量的引气剂、减水剂或高效减水剂以及适量粉煤灰。

（7）由于聚丙烯纤维对水有吸附性，减少了泌水，在同样条件下聚丙烯纤维混凝土比常规混凝土坍落度会有所减小。为此，应增加坍落度，如适当加大外加剂用量或保持水灰比不变，增加水和水泥用量。

5.1.2.4 主要用途

（1）大面积的板式结构。如堆石坝的面板、船闸地板和侧墙、护坦、消力池及其他直接浇筑在基岩面上的底板、路面、大型停车场地坪等。

（2）防渗建筑物。如水电站厂房下层、地下室墙板、水池（供水池、游泳池、污水池）、粮食储仓外墙。

（3）有抗冲磨要求的建筑物。如水电站高速水流的过流面、重载车流的路面和桥面抗磨层、机场跑道、港口码头作业区。

（4）要求抗冻融性能高的混凝土。

（5）喷射混凝土。

（6）要求增强的沥青混凝土。纤维对沥青混凝土的增强作用是明显的，可有效地增强沥青混凝土抵抗温度应力、应变产生变化的能力，提高沥青的热稳定性、流动性和抗拉破坏的能力。

（7）要求高性能混凝土的场合。

5.1.3 钢纤维混凝土

5.1.3.1 原材料的技术要求

（1）配制普通钢纤维混凝土的原材料，应符合《钢纤维混凝土结构设计与施工规程》（CECS 38：92）的规定，钢纤维原材料技术要求见表 5-3。

表 5-3 　　　　　　　　　　　　钢纤维原材料技术要求表

名称	技 术 要 求
钢纤维	长度在 20~50mm，直径在 0.3~0.8mm，长径比在 40~100 范围内，其增强效果和拌合物的性能均较好
水泥	符合要求的硅酸盐水泥和普通硅酸盐水泥
粗骨料	粒径不大于 20mm 和钢纤维长度的 2/3
外加剂	选用优质减水剂，对抗冻有要求的钢纤维混凝土，应掺引气型减水剂或引气剂
水	不得采用海水并严禁掺入氯盐、海砂

（2）配制水工抗磨蚀混凝土应选用 C_3S 含量较高的硅酸盐水泥或普通硅酸盐水泥；细骨料选用质地坚硬、石英颗粒含量高、清洁、级配良好的中粗砂，细度模数应在 2.0~3.0 之间，人工砂石粉含量应在 5%~8%；粗骨料选用质地坚硬的人工碎石或天然卵石（其中软弱颗粒含量不大于 1%）及铁砂矿、铸石骨料等；其他掺合料如硅粉、粉煤灰等应符合相关规定。

5.1.3.2 配合比设计

（1）单掺钢纤维的普通钢纤维混凝土配合比设计步骤可参照《钢纤维混凝土结构设计与施工规程》（CECS 38：92）的规定，与常规混凝土配合比设计的不同之处：一是强度的双控标准（抗压、抗拉或抗压、抗折）；二是确定纤维体积率（体积率一般在 0.5%~2.0% 范围）；三是砂率和单位用水量与纤维体积率有关。砂率和用水量选用值见表 5-4

～表 5-6。

表 5-4 钢纤维混凝土砂率选用值

拌和料条件	最大粒径20mm的碎石/%	最大粒径20mm的卵石/%	拌和料条件	最大粒径20mm的碎石/%	最大粒径20mm的卵石/%
钢纤维长径比 50			钢纤维长径比增减 10	±5	±5
钢纤维体积率 1.0%	50	45	钢纤维体积率增减 5%	±3	±3
水灰比 0.50			水灰比增减 0.1	±2	±2
砂细度模数 3.0			砂细度模数增减 0.1	±1	±1

注 摘自龚洛书《混凝土实用手册》。

表 5-5 塑性刚纤维混凝土单位体积用水量选用值

拌和料条件	骨料品种	骨料最大粒径/mm	单位体积用水量/kg	备 注
钢纤维长径比 50	碎石	10～15	235	1. 坍落度变化范围为 10～50mm 时，每增减 10mm，单位用水量相应增减 7kg；
钢纤维体积率 0.5%		20	220	
水灰比 0.5～0.6中砂	卵石	10～15	225	2. 钢纤维体积率每增减 0.5%，单位体积用水量相应增减 8kg；
坍落度 20mm		20	205	3. 钢纤维长径比每增减 10，单位体积用水量相应增减 10kg

注 摘自龚洛书《混凝土实用手册》。

表 5-6 半干硬性纤维混凝土单位体积用水量选用值

拌和料条件	维勃稠度/s	单位体积用水量/kg	备 注
体积率 0.5%；碎石最大粒径 10～15mm；水灰比 0.4～0.5；中砂	10	195	1. 碎石最大粒径为 20mm 时，单位体积用水量相应减少 5kg；
	15	182	
	20	175	2. 粗骨料为卵石时，单位体积用水量相应减少 10kg；
	25	170	
	30	166	3. 钢纤维体积率每增减 0.5%，单位体积用水量相应增减 8kg

注 摘自龚洛书《混凝土实用手册》。

(2) 水工抗冲耐磨钢纤维混凝土，配合比设计参照《水工建筑物抗冲磨防空蚀混凝土技术规范》(DL/T 5207—2005) 的规定。目前，常用的是钢纤维和硅粉联合掺用。组成硅粉钢纤维混凝土，其抗磨蚀效果较好。

(3) 喷射钢纤维混凝土的配合比设计：钢纤维直径一般取 0.25～0.4mm，长度取 20～30mm，长径比一般为 60～100；水泥用量一般采用强度等级 32.5 以上的水泥，水泥用量为 400～450kg/m³；粗骨料的最大粒径为 10mm。喷射混凝土的配合比设计与常规混凝土相同，钢纤维掺量，按要求不同每立方米混凝土掺量为 45～100kg 或占混凝土体积的 0.5%～2.0%。

5.1.3.3 配合比实例

（1）三峡水利枢纽工程高程 20.00m 栈桥桥面设计和施工用钢纤维混凝土，配合比参数和配合比见表 5-7。

表 5-7　　三峡水利枢纽工程高程 20.00m 栈桥桥面钢纤维混凝土配合比表

设计要求	级配	水胶比	砂率/%	减水剂掺量/%	钢纤维掺量/%	混凝土材料用量/(kg/m³)					
						水	水泥	砂	小石	ZB-1A	钢纤维
$R_{28}500$	—	0.33	35	ZB-1A1.2	1	160	485	620	1191	5.82	78

（2）姚河坝首部枢纽护坦钢纤维混凝土施工配合比见表 5-8。

表 5-8　　　　　姚河坝首部枢纽护坦钢纤维混凝土施工配合比表

碎石最大粒径/mm	砂率/%	混凝土材料用量/(kg/m³)						抗压强度/MPa	
		水	水泥	石	砂	钢纤维	木钙	7d	28d
20	41.5	165	413	1110	787	80	1.03	35.3	49.9

（3）三峡临时船闸钢纤维混凝土施工配合比见表 5-9。

表 5-9　　　　　　　三峡临时船闸钢纤维混凝土施工配合比表

碎石最大粒径/mm	混凝土强度等级	砂率/%	水灰比	混凝土材料用量/(kg/m³)							坍落度/cm
				水	水泥	砂	石	硅粉	钢纤维	SF	
20	C_{50}	46	0.29	133	487	803	950	54	78	8.66	7~9

注　SF 为高效减水剂，采用人工砂。

5.1.4　玻璃纤维混凝土

硅酸盐水泥的水化产物对中碱与无碱玻璃纤维有强烈的侵蚀，因而使玻璃纤维抗拉强度大幅度下降，失去韧性而变脆，因此，用抗碱玻璃纤维制备玻璃纤维混凝土。为大幅度提高玻璃纤维混凝土的使用寿命，使用硫铝酸盐水泥。

5.1.4.1　不同成型工艺及配合比设计

玻璃纤维混凝土不同成型工艺及配合比见表 5-10。

表 5-10　　　　　　玻璃纤维混凝土不同成型工艺及配合比表

成型工艺	玻璃纤维	水泥	骨料	外加剂	灰砂比	水灰比
直接喷射法	抗碱玻璃纤维无捻粗砂，切断长度 33~44mm，体积率 2%~5%	早强型或Ⅰ型低碱硫铝酸盐水泥	D_{max} = 2mm，细度模数 1.2~2.4，含泥量不大于 3%	减水剂或超塑化剂，掺量由预拌试验确定	10.3~10.5	0.32~0.38
喷射—抽吸法				一般情况可不掺		0.50~0.55 / 0.25~0.30
铺网—喷浆法	抗碱玻璃网格布，厚为 10mm 的板用 2 层网格布，体积率 2%~3%			减水剂或超塑化剂，掺量由预拌试验确定	1:1~1:1.5	0.42~0.45

注　摘自龚洛书《混凝土实用手册》。

5.1.4.2 主要用途

与玻璃钢相比有较好的耐久性，与石棉水泥相比有较好的抗冲击性。主要用在非承重、次要承重的构件和制品。当前我国正在大力开发此种新型复合材料，其应用领域日趋扩大，在水利水电工程中应用的有沉沙池斜板和护岸板。

5.1.5 尼龙纤维混凝土

5.1.5.1 原材料的技术要求

尼龙纤维呈单丝状，直径一般为 $23\sim25\mu m$，长度为 $12\sim20mm$，在搅拌过程中易于分散而不会结团。在混凝土中可起到阻止混凝土微裂缝发展与提高抗冲击性的作用。

5.1.5.2 配合比设计

（1）可使用硅酸盐水泥和普通硅酸盐水泥进行配制。

（2）配制砂浆时，灰砂比可取 $1:1\sim1:3$，水灰比可取 $0.45\sim0.50$。

（3）配制混凝土时，石子最大粒径为 20mm，水泥：砂：石＝$1:2:2\sim1:3:3$，水灰比可取 $0.55\sim0.60$。

（4）配制砂浆和混凝土，其尼龙纤维的体积率可取 $0.05\%\sim0.1\%$。

（5）为改善尼龙纤维混凝土的和易性，可掺加适量的引气剂、减水剂或高效减水剂，也可外掺掺量小于 10% 的粉煤灰。

（6）拌制尼龙纤维混凝土宜将砂、石、水泥和水搅拌均匀，再加入尼龙纤维，通常搅拌 $3\sim5min$。尼龙纤维混凝土的坍落度有可能降低，最多的降低 25% 左右，在施工时要充分考虑这一特点。

（7）要在混凝土终凝前进行修补抹面，以防止纤维在混凝土表面外露。

5.1.5.3 主要用途

尼龙纤维混凝土主要用于模板、盖板等预制品，停车场、人行道、车型路面的现浇混凝土以及喷射混凝土等。

5.1.6 碳纤维混凝土

碳纤维混凝土仅指沥青基纤维配制的混凝土。

5.1.6.1 原材料的技术要求

水泥尽可能使用平均颗粒直径较小、比表面积较大的，如磨细的硅酸盐水泥、快硬硅酸盐水泥、快硬快凝硅酸盐水泥。宜掺用粒径范围为 $50\sim200\mu m$ 的细集料，如细末的硅砂、粉煤灰、火山灰微珠等。必须掺用外加剂，如高效减水剂、引气剂、合成乳胶、甲基纤维素等。配制碳纤维混凝土的集灰比可取 $0.45\sim0.50$，水灰比可取 $0.42\sim0.52$，碳纤维的体积率宜在 $2\%\sim4\%$，甲基纤维素的掺量通常为水泥用量的 1% 左右，其他外加剂的掺量可参照有关资料或试验确定。

5.1.6.2 配合比设计

碳纤维混凝土宜采用无叶片柔性搅拌机制备。当只能用普通砂浆搅拌机制备混凝土时，则必须在掺高效减水剂或者甲基纤维素的同时，掺加适量的硅粉。

5.1.6.3 主要用途

碳纤维混凝土主要用于现浇建筑物施工的导电混凝土以及预制墙板、地板和模板等。

5.2 自密实混凝土

5.2.1 主要特性

自密实混凝土（Self-Compacting Concrete，简称 SCC）是指无需振捣，靠其自身流变性能自密实成型的混凝土。由于自密实混凝土在施工中能够保持较好均匀性和抗离析，依靠自重作用自由流淌充分填充模型内的空间形成均匀密实的结构，达到充分密实，需要混凝土有优良的工作性能，如高流动性，抗材料离析性。

自密实混凝土不仅适应了混凝土工程规模化、复杂化的要求，而且基于耐久性的混凝土结构设计提供了技术保障。就材料而言，由于采用了高性能混凝土外加剂和矿物掺合料，使得低水胶比、低水泥用量的混凝土配置成为可能，从而提高了硬化混凝土的力学性能和耐久性；就设计而言，由于自密实混凝土能够在自重作用下自动穿越钢筋密集处并且仍保持混合料的均匀性，为密集配筋结构设计的实现提高了可靠的技术保障；就施工而言，自密实混凝土的应用不仅可以缓解熟练工人日益短缺的危机，而且消除了振捣噪音，减弱了工人的劳动强度，避免了由于振捣不密实而带来的施工隐患，加快了施工进度，保证了工程质量，提高了文明施工和现代化施工管理水平。

自密实混凝土由于其优异的性能特点，给其工程应用带来了极大的便利及广阔的前景，特别是在一些截面尺寸小的薄壁结构、密集配筋结构等工程施工中显示出明显的优越性。

5.2.2 原材料

5.2.2.1 水泥

除大体积自密实混凝土宜选用中热或低热硅酸盐水泥外，各种水泥都可用于自密实混凝土，品种的选择决定于对混凝土强度、耐久性等的要求。一般而言，C_3A 含量低和标准稠度用水量低的水泥适宜于配制自密实混凝土。一般水泥用量为 $350\sim450kg/m^3$。水泥用量超过 $500kg/m^3$ 会增大收缩；低于 $350kg/m^3$ 则必须同时使用其他粉料，如微硅粉、粉煤灰等。

5.2.2.2 骨料

骨料的选择对于自密实混凝土的物理力学性能和耐久性非常重要。选择时必须注意骨料的品种、尺寸、级配等。粗骨料的最大粒径当使用卵石时为 25mm，使用碎石时为 20mm。针状、片状的骨料含量不宜大于 5%。自密实混凝土的砂率较大，宜选用级配良好的中砂或粗砂，细度模数控制在 $2.6\sim3.2$。砂中所含粒径小于 0.125mm 的细粉对自密实混凝土的流变性能非常重要，一般要求不低于 10%。

5.2.2.3 矿物掺合料

矿物掺合料是自密实混凝土中不可缺少的组分，主要有：粉煤灰、磨细矿渣、硅灰等，前两者较常用。粉煤灰作为一种工业废料，资源丰富、价格低廉，掺加粉煤灰不但能代替部分水泥，节省工程造价，还可以降低初期水化热，减少干缩，改善新拌混凝土的和易性，增加混凝土的后期强度。磨细矿渣可改善和保持自密实混凝土的工作性，有利于硬化混凝土的耐久性。国外硅灰使用很普遍，高强混凝土都必须掺加硅灰，但因价格较高，国内只是少量采用，如果与矿渣、粉煤灰复合掺加，掺量少，性能好，经济效益将十分显著。

5.2.2.4 化学外加剂

自密实混凝土的高流动性、高稳定性、间隙通过能力和填充性都需要以外加剂的手段来实现，对外加剂的主要要求为：与水泥的相容性好、减水率大、缓凝、保塑。宜采用减水率为20％以上的高效减水剂，聚羧酸系列高效减水剂最佳，能够提供强大的减水作用，具有特别优良的流动性，超强的黏聚性，高度的自密实性，良好的工作性保持能力，能够增强早期强度的发展。同时，为防止混凝土的离析，还需掺入增黏剂，目前用于自密实混凝土的主要有纤维素类聚合物、丙烯酸类聚合物、生物聚合物、乙二醇类聚合物及无机增黏剂等，用于增加混凝土黏度，提高抗离析能力。

5.2.3 自密实混凝土性能

5.2.3.1 自密实混凝土自密实性能等级和性能

（1）自密实混凝土的性能应满足建筑物的结构特点和施工要求。

（2）自密实混凝土的自密实性能包括流动性、抗离析性和填充性。可采用坍落扩展度、V形漏斗试验（或T50试验）和U形箱试验进行检测。自密实性能等级分为三级，其指标应符合表5-11的要求。

表5-11 混凝土自密实性能等级指标表

性能等级	一级	二级	三级
U形箱试验填充高度/mm	320以上 （隔栅型障碍1型）	320以上 （隔栅型障碍2型）	320以上 （无障碍）
坍落扩展度/mm	750±50	650±50	600±50
T_{50}/s	5~20	3~20	3~20
V形漏斗通过时间/s	10~25	7~25	4~25

（3）应根据结构物的结构形状、尺寸、配筋状态等选用自密实性能等级。

5.2.3.2 硬化自密实混凝土的性能

（1）自密实混凝土强度等级应满足配合比设计强度等级的要求。

（2）自密实混凝土的弹性模型、长期性能和耐久性等其他性能，应符合设计或相关标准的要求。

5.2.4 配合比

自密实混凝土的成型原理是通过外加剂（包括减水剂、超塑化剂、稳定剂等），胶结材料和粗细骨料的选择与搭配和配合比的精心设计，使混凝土拌和物屈服剪应力减小到适宜范围内，同时又具有足够的塑性黏度，使骨料悬浮于水泥浆中，不出现离析和泌水的现象。能自由流淌并充分填充模板内的空间，形成密实且均匀的胶凝结构。

自密实混凝土的配比设计要考虑的因素比普通混凝土的复杂，并且配比设计方法直接影响混凝土成本，如果考虑不当将导致成本大幅度提高。自密实混凝土设计时必须考虑建筑物的结构条件、施工条件、环境条件和经济性。一般而言，填充性、强度和耐久性是自密实混凝土配比设计的基本要求。

5.2.4.1 固定砂石体积含量法

简要计算步骤如下：①设定每立方米混凝土中石子的松堆体积为 $0.5 \sim 0.55 m^3$，得到石子用量和砂浆含量；②设定砂浆中砂体积含量为 $0.42 \sim 0.44$，得到砂用量和浆体含量；③根据水胶比和胶凝材料中的掺合料比例计算得到用水量和胶凝材料总量，最后由胶凝材料总量计算出水泥和掺合料各自的用量。但水胶比和掺合料的用量如何确定没做具体规定。

该方法在保证强度的基础上，体现了按工作性要求设计自密实混凝土的原则。由于自密实混凝土对于原材料的质量变化十分敏感，应该针对具体材料具体确定某一参数的取值。

5.2.4.2 简易配合比设计法

其基本原则是用胶凝材料浆体填满松散堆积的骨料间隙，配合比的计算仍然采用体积法，这和以往方法没有太大区别。其创新之处在于提出密实系数的概念来控制自密实混凝土中骨料用量，进而控制拌和物的流动性和密实性。

该方法有两点不足之处，一是忽略了粉煤灰等矿物掺合料对自密实混凝土抗压强度的贡献，这对混凝土的经济性和耐久性不利。因为，当配制高强度混凝土时势必极大增加水泥用量，因而该方法只适于配制中低强度自密实混凝土。二是总用水量为各种胶凝材料需水量之和，水泥中的水用水灰比衡量提供强度和流动度，而掺合料中的水只用来使掺合料浆体达到与水泥浆相同的流动度。混凝土中的水是一个整体，人为地将其分解成单独发生作用的几个部分，这样简化有悖于事实，而且忽视了矿物掺合料对水泥和减水剂相容性的改善作用，也没有考虑到不同种类掺合料复合使用时的叠加效应。

5.2.4.3 其他方法

国内对自密实混凝土配合比设计方法的研究还有其他三类：①采用正交试验或所谓的"析因法"思想研究胶凝材料总量、矿物材料掺量、砂率、水胶比、浆体体积及外加剂掺量等不同因素对于混凝土工作性和强度的影响，确定各参数的合理用量范围，再按普通混凝土配合比设计方法进行配合比计算；②直接引用高性能混凝土配合比计算的一些方法（如全计算法）或改进的全计算法；③纯粹的试配法，即以经验数据为基础确定单位粗集料用量、用水量和胶凝材料用量，单位细集料体积等于总体积减去其他材料体积，在此基础上确定初始配合比进行试配，检验工作性和抗压强度，之后经过调整得到最终配合比。

5.2.4.4 配合比的调整与确定

试验室拌和物搅拌量过小，混凝土的性能测试结果与实际工程测试结果可能存在较大差距。所以，为了使试验室拌和物具有较好的实际工程模拟效果，每盘混凝土的最小搅拌量不宜小于 25L。

有些工程的施工条件特殊，采用试验室的测试方法并不能准确评价拌和物的工作性是否满足实际施工要求，这时即需要进行足尺试验，以便直观准确的判断拌和物的工作性是否适宜。

初始配合比确定后，宜采用实际的原材料进行试配，研究与应用表明，自密实混凝土的工作性对原材料的波动较为敏感，工程施工时，其原材料必须与试配时采用的原材料一致。当原材料发生显著变化时，应对配合比进行重新试配调整。

当混凝土配合比需要调整时，可按表 5-12 进行调整。

表 5-12　　　　　各因素措施对自密实混凝土拌和物性能的影响表

采取措施		影响性能					
		填充性	间隙通过性	抗离析性	强度	收缩	徐变
1	黏性太高						
1.1	增大用水量	+	+	−	−	−	−
1.2	增大浆体体积	+	+	+	+	−	−
1.3	增加外加剂用量	+	+	−	+	0	0
2	黏性太低						
2.1	减少用水量	−	−	+	+	+	+
2.2	减少浆体体积	−	−	+	+	+	+
2.3	减少外加剂用量	−	−	+		0	0
2.4	添加增稠剂	−	−	+	0	0	0
2.5	采用细粉	+	+	+	0	−	−
2.6	采用细砂	+	+	+	0	−	−
3	屈服值太高						
3.1	增大外加剂用量	+	+	+	+	0	0
3.2	增大浆体体积	+	+	+	+	−	−
3.3	增大灰体积	+	+	+	+	−	−
4	离析						
4.1	增大浆体体积	+	+	+	+	−	−
4.2	增大灰体积	+	+	+	+	−	−
4.3	减少用水量	−	−	+	+	+	+
4.4	采用细粉	+	+	+	0	−	−
5	工作性损失过快						
5.1	采用慢反应型水泥	0	0	−	−	0	0
5.2	增大惰性物掺量	0	0	−	−	0	0
5.3	用不同类型外加剂	?	?	?	?	?	?
5.4	采用矿物掺合料	?	?	?	?	?	?
6	堵塞						
6.1	降低最大粒径	+	+	+	−	−	−
6.2	增大浆体体积	+	+	+	+	−	−
6.3	增大灰体积	+	+	+	+	−	−

注　+号代表影响增大；−号代表影响降低；0号代表不变；?号代表影响不明确。

5.2.5　施工质量控制

5.2.5.1　自密实混凝土生产过程

自密实混凝土与普通混凝土使用的生产设备与生产方法不尽相同。由于自密实混凝土原材料种类多，拌和物的黏性较大，应优先使用强制式搅拌机，以节约拌制时间，使拌和物搅拌均匀。生产自密实混凝土的投料顺序分两步进行，第一步：用水泥、适当的掺合料、砂、水与高效减水剂配制出具有良好流动性的砂浆；第二步：在上述砂浆中加入粗集料，充分搅拌，视拌和物流动情况适当增加高效减水剂用量，若仍不能满足要求则需调整配合比。

5.2.5.2　自密实混凝土的浇筑与养护

自密实混凝土的输送方式应尽量选用泵送，并尽可能从模板底部泵送混凝土，以防止或减少混凝土表面缺陷。自密实混凝土一般能够自己找水平，但表面并不平整，粗集料会部分突起，故需要在凝结硬化前适当时间进行抹面。自密实混凝土浇筑完毕后，应及时加以覆盖防止水分散失，并在终凝后立即洒水养护，洒水养护时间不应少于7d，以防止混凝土出现干缩裂缝。冬季浇筑的混凝土初凝后，应及时用塑料薄膜覆盖，防止水分蒸发，塑料薄膜上应覆盖保温材料。模板应在混凝土达到规定强度后方可拆除，拆除模板后应在混凝土表面涂刷养护剂进行养护。

5.2.5.3　新拌混凝土的工作性评价

自密实混凝土的工作性评价是进行配合比设计和现场质量检验的基础。为了方便有效地评价新拌混凝土的高流动性、高稳定性和穿越钢筋间隙能力，发展了一些新试验方法，如倒坍落度筒、L形仪、U形箱、J形环、牵引球黏度计、密配筋模型填充试验等。在自密实混凝土的研究中，应鼓励多种检测技术的发展，但鉴于目前尚未形成统一、成熟的检测方法，在施工条件下应该力求简单实用性原则。例如可以同时采用倒坍落度筒和L形仪或U形箱试验综合评价实际工程中自密实混凝土的工作性能。

5.2.6　应用

比较典型的工程应用实例是日本明石海峡大桥馄（悬索桥），自密实混凝土用于该桥的锚碇施工中。混凝土的搅拌是在施工现场旁边的搅拌站进行的，然后通过导管泵送输送到距搅拌站200m的混凝土浇筑现场，混凝土的输出是靠在导管上按等间距布置的阀门控制的。工程中使用的自密实混凝土，粗骨料最大粒径40mm。混凝土落距3m，尽管有大粒径粗骨料，但无离析现象。最后的比较分析表明，自密实混凝土的使用将锚碇施工工期缩短了20%。

5.3　干贫混凝土配合比设计

5.3.1　设计原则

在满足各项技术指标及施工工艺要求的情况下，做到优质、经济，选出单位体积干贫混凝土各组成材料的最优配合比。

5.3.1.1 水胶比

干贫混凝土应根据混凝土不同性能要求，选择最小水胶比，同时还应满足不同地区、不同施工部位的规定要求。

5.3.1.2 胶凝材料

不掺粉煤灰的干贫混凝土的单位水泥用量不宜低于 130kg/m³，宜控制在 160～230kg/m³ 之间；在受冻地区最小单位水泥用量不宜低于 180kg/m³。掺粉煤灰时，单位水泥用量宜在 130～175kg/m³ 之间；单位胶材总量宜在 220～270kg/m³ 之间；受冻地区最小单位水泥用量不宜低于 150kg/m³。同时，还应根据温控、强度和耐久性等要求，选择合适的水泥品种和强度等级。掺合料超量使用应经过试验论证。

5.3.1.3 外加剂

选用的外加剂应能有效改善干贫混凝土性能，且经济、使用方便，并与胶凝材料有良好的适应性。

5.3.1.4 粗细骨料

根据施工和设计要求，选择合适的粗、细骨料品种和最大粒径，并尽量采用连续级配，减少弃料。

5.3.1.5 VC 值

干贫混凝土出搅拌机口的改进 VC 值宜为 5～10s，试验中的试样表面出浆评分应为 4～5 分，在保证施工的前提下宜取最小值。

5.3.1.6 含气量

在受冻地区，干贫混凝土含气量宜为 4%±1%。当水胶比不能满足抗冻耐久性要求时，宜使用引气减水剂。当高温摊铺坍落度损失较大时，可使用引气缓凝减水剂。

5.3.2 基本资料

5.3.2.1 设计要求

设计要求包括不同施工部位设计强度（抗压强度、抗拉强度）、强度保证率、设计龄期、工作性以及耐久性等。

5.3.2.2 施工要求和施工控制水平

不同部位允许采用的骨料最大粒径、混凝土 VC 值、强度均方差或离差系数等。

5.3.2.3 原材料特性

（1）水泥品种、强度等级、标准稠度和密度。

（2）掺合料品种、密度、需水量比、强度比。

（3）粗细骨料品种、颗粒级配、紧密密度、面干密度、面干吸水率等。

5.3.3 设计方法

（1）根据设计标号、施工水平计算混凝土保证强度。

$$R_P = R_B + t\sigma$$

或 $$R_P = R_B/(1 - tC_v) = KR_B \tag{5-1}$$

式中　R_P——保证强度，MPa；

　　　R_B——设计强度，MPa；

t——保证率系数；

σ——标准差，MPa；

C_v——离差系数，根据施工水平统计得出；

K——强度富裕系数，$K=1/(1-tC_v)$。

不同的保证率 P 对应的保证率系数见表 5-13。内部大体积混凝土保证率一般采用 $80\%\sim85\%$，特殊部位保证率采用 $90\%\sim95\%$。在工程无试验资料时，C_v 值参考表 5-14 选择。

表 5-13　　　　　　　　　　　保证率和保证率系数关系表

$P/\%$	75	80	85	90	95
t	0.67	0.84	1.04	1.28	1.65

表 5-14　　　　　　　　　　　不同设计标号的 C_v 参考值

R_B	$\leqslant150$	$200\sim250$	$\geqslant300$
C_v	0.20	0.18	0.15

（2）根据 R_B 选择水灰比和掺合料掺量。选择适用范围的 3~5 个水胶比，建立不同龄期、不同掺合料掺量的强度与水胶比的关系，即：

$$R_T = AR_C\left(\frac{c+F}{w}-B\right) \tag{5-2}$$

式中　R_T——混凝土龄期强度，MPa；

R_C——水泥龄期强度，MPa；

c——水泥用量，kg/m^3；

F——掺合料用量，kg/m^3；

w——用水量，kg/m^3；

A、B——系数，由试验统计得出。

在符合设计及施工规范允许的范围内，选择设计龄期时综合效益较佳的掺合料掺量 K_2，并根据所需要的保证强度 R_P 求得该掺合料餐两下的水胶比 K_1。

（3）选定掺合料掺量，固定水胶比，得出不同龄期强度增长系数。龄期增长系数大小与胶凝材料品质、粉煤灰掺量以及外加剂特性有较大关系。

（4）根据设计要求的抗渗、抗冻标号选择水胶比。选择满足设计要求的原材料，应通过试验确定。在无资料时，可参考表 5-15。混凝土抗渗、抗冻强度与胶凝材料品质、掺合料掺量、外加剂品质以及设计龄期有较大关系。设计龄期较长时，选择的水胶比可以适当放大，但应通过试验论证。

（5）确定水胶比 K_1。最后确定的水胶比，应使混凝土既能满足抗压强度要求，又能满足抗渗、抗冻要求，同时还能符合施工规范中对不同地区、不同施工部位最大水胶比允许值的要求。

（6）确定砂率。粗细骨料品种、粗骨料最大粒径、外加剂性能所对应的砂率和用水量范围见表 5-16。

表 5－15　　　　　　　　　　　　抗渗抗冻标号与水胶比关系表

抗　渗		抗　冻		
抗渗标号	水胶比	抗冻标号	水　胶　比	
			普通混凝土	加起混凝土
W_2	<0.75	F_{50}	0.55	0.60
W_4	0.60～0.65	F_{100}	—	0.55
W_6	0.55～0.60	F_{150}	—	0.50
W_8	0.50～0.55	—	—	—

表 5－16　　　　　　　砂率和用水量范围参考值（掺减水剂或引气减水剂系列）

粗骨料最大粒径 /mm	天然砂石料		人工砂石料	
	砂率/%	用水量/(kg/m³)	砂率/%	用水量/(kg/m³)
30	38～43	95～115	42～47	105～125
40	32～37	80～100	36～41	90～110
80	28～33	70～90	32～37	80～100
120	25～30	65～85	29～34	75～95

注　1. 若不掺减水剂或引气减水剂，砂率应增加 2.5%～3%，用水量增加 10～20kg/m³。

　　2. 外加剂为非引气剂时，可不考虑含气量，掺引气剂的含气量应通过试验测得。选出 VC 值最小或密度最大时的砂率为最佳砂率 K_3，为了减少骨料分离，改善混凝土施工性能并适当降低混凝土的弹性模量，可在最佳砂率的基础上，适当提高 2%～4%。

（7）选定砂率后进行 VC 值与用水量关系试验，选出满足 VC 值时的用水量 W。

（8）由绝对体积法确定各材料具体用量。

$$\left.\begin{aligned}
&C/\rho_c + F \times \rho_F + W/\rho_w + S/\rho_S + G/\rho_G + E_X/\rho_{E_X} + A = 1 \\
&K_1 = w/(c+F) \\
&K_2 = F/(c+F) \\
&K_3 = S/(S+G) \\
&K_4 = E_X/(c+F)
\end{aligned}\right\} \qquad (5-3)$$

式中　C、F、W、G、S、E_X——水泥、掺合料、水、粗骨料、细骨料、外加剂用量，

　　　　　　　　　　　　kg/m³；

　　　K_1、K_2、K_3、K_4——水胶比、掺合料掺量、砂率、外加剂掺量；

　　　　　　　　　A——含气量，%；

　　ρ_c、ρ_F、ρ_w、ρ_S、ρ_G、ρ_{E_X}——水泥密度、掺合料密度、水密度、粗骨料及细骨料饱和面干密度、外加剂密度，kg/m³。

各种材料用量得出后，根据级配比例求得各粒径粗骨料用量。

（9）用密度法确定各材料具体用量。混凝土密度通过试验求得，试拌时可参考表 5－17 假定密度。

根据密度法原理，有：

$$\left.\begin{aligned}
\rho &= w + S + G + F + c \\
K_1 &= w/(c+F) \\
K_2 &= F/(c+F) \\
K_3 &= S/(S+G) \\
K_4 &= E_X/(c+F)
\end{aligned}\right\} \tag{5-4}$$

式（5-4）中各符号代表意义与式（5-3）相同。

表 5-17   干贫混凝土密度 ρ 参考值   单位：kg/m³

种类	粗骨料最大粒径			
	20mm	40mm	80mm	120mm
普通混凝土	2380	2400	2430	2450
加气混凝土	2280	2320	2350	2380

若实测密度与假定密度有差异，则各材料用量应分别乘以实测密度与假定密度的比值，得出干贫混凝土单位体积各材料用量。

5.3.4 配合比确定与调整

（1）检验各种混凝土拌和物是否满足不同施工方式的最佳工作性要求。检验项目包括含气量、坍落度及其损失、振动黏度系数、改进 VC 值、外加剂品种及其最佳掺量。在工作性和含气量不满足相应施工方式要求时，可在保持水胶比不变的前提下调整单位用水量、外加剂掺量或砂率，不得减小满足计算强度及耐久性要求的单位水泥用量。

（2）对于采用密度法计算的配合比，应实测拌合物视密度，并应按视密度调整配合比，调整时水灰比不应增大，单位水泥用量不应减小，调整后的拌和物视密度允许偏差为 ±2.0%。实测拌和物含气量及其偏差也应满足相关规定，不满足要求时，应调整引气剂掺量直至达到规定含气量。

（3）以初选水胶比为中心，按 0.02 增减幅度选定 2~4 个水胶比，制作试件，检验各种混凝土 7d 和 28d 配制抗拉强度、抗压强度、耐久性等指标（有抗冻性要求的地区，抗冻性为必测项目，干缩为选测项目）。也可保持计算水胶比不变，以初选单位水泥用量为中心，按 15~20kg/m³ 增减幅度选定 2~4 个单位水泥用量。

（4）施工单位通过上述各项指标检验提出的配合比，在经监理或建设方中心实验室验证合格后，方可确定为实验室基准配合比。

5.4 抗磨蚀混凝土

自 20 世纪 80 年代中期以来，各类抗磨蚀混凝土在诸如三峡、葛洲坝、二滩、渔子溪、映秀湾、三屯河、都江堰、石棉、水口、五强溪等水电站工程中得到普遍应用。

5.4.1 分类

抗磨蚀混凝土按胶凝材料可分为无机胶凝材料和有机胶凝材料两类。无机胶凝类主要有硅粉混凝土、改性硅粉混凝土、纤维混凝土、粉煤灰混凝土等。有机胶凝类则主要有高分子聚合物的聚合物胶结混凝土、呋喃混凝土、环氧树脂混凝土等。

5.4.2 原材料及技术要求

5.4.2.1 无机材料

抗磨蚀护面材料应采用抗磨蚀性、体积稳定性（低热、低收缩）工作性均优的高性能混凝土与砂浆。配制时所用的材料应在符合《水工混凝土施工规范》（DL/T 5144—2001）之外还应满足以下要求：

（1）宜选用不小于42.5强度等级的中热硅酸盐水泥、硅酸盐水泥或普通硅酸盐水泥。

（2）选用质地坚硬、石英颗粒含量高、清洁、级配良好的中砂。人工砂的石粉含量应控制在5%～8%。

（3）应选用质地坚硬的天然卵石或人工碎石，天然骨料最大粒径不宜超过40mm，人工骨料最大粒径可为80mm，掺用钢纤维时混凝土骨料最大粒径不宜大于20mm。

（4）为提高混凝土抗磨蚀性能，可选用铁矿石、铸石等骨料。采用铁矿砂石及铸石骨料时，其级配及品质应符合《水工建筑物抗冲磨防空蚀混凝土技术规范》（DL/T 5207—2005）的规定。

（5）必须掺入高效减水剂，宜优先选用低收缩的聚羧酸等高效减水剂，有抗冻要求的应论证加入引气剂的必要性。

（6）在不降低抗冲磨性能的前提下，可掺用Ⅰ、Ⅱ级粉煤灰，硅粉，磨细矿渣等活性掺合料。所用的掺合料应符合《高强高性能混凝土用矿物外加剂》（GB/T 18736—2002）的规定。

（7）掺用钢纤维时所用钢纤维应符合《钢纤维混凝土》（JG/T 3064—1999）有关规定。

5.4.2.2 有机材料

抗磨蚀护面有机材料可采用环氧树脂砂浆及混凝土、聚合物纤维砂浆及混凝土、不饱和聚酯树脂砂浆及混凝土、丙烯酸环氧树脂砂浆及混凝土、聚氨酯砂浆及混凝土等，对原材料的要求：

（1）应选用无毒或低毒、方便施工的原材料，所配成材料的线膨胀系数与基底混凝土线膨胀系数之比应小于4。

（2）配制各类抗磨蚀树脂砂浆及混凝土应选用耐磨填料及骨料，例如石英砂、粉，铸石砂、粉，棕刚玉砂、粉，金刚砂、粉，铁矿砂、粉等，其配合比应通过试验确定。

5.4.2.3 其他抗磨蚀材料

可用作为抗磨蚀材料的还有钢轨、钢板、条石、铸石板等。其中，钢板的抗磨性能虽然较差，但抗冲击性能较好。

5.4.3 无机材料抗磨蚀混凝土配合比

5.4.3.1 配合比设计原则

（1）正确选用原材料

（2）在满足设计强度情况下，水泥及胶材量的体积应尽可能低。

（3）根据抗磨蚀的具体情况选择掺合料：如硅粉、硅粉和粉煤灰、硅粉和钢纤维等，一般是选择一种以上的掺合料。

5.4.3.2 抗磨蚀混凝土的强度等级选择

抗磨蚀混凝土的强度等级有 C35、C40、C45、C50、C55、C60 和＞C60 共七个等级。

对于悬移磨损为主的抗冲磨蚀混凝土，可根据表 5-18 选择混凝土强度等级，并进行抗冲磨强度优选试验。

表 5-18   抗悬移质磨蚀混凝土的强度等级表

水流空化数 σ	＞1.5	1.5～＞0.6		0.6～0.3		＜0.3	
水流流速/(m/s)	＜15	15～25		＞25～35		＞35	
含沙量/(kg/m³)	＞2	≤2	＞2	≤2	＞2	≤2	＞2
强度等级	C35～C40	C35	C40～C50	≥C40	C50～C60	≥C50	≥C60

注　1. 排沙建筑物均应按含砂量大于 2kg/m³ 选择混凝土强度。
　　2. 当过流中推移质含量大于 2kg/m³ 时，宜选用较表中提高 1～2 个强度等级的混凝土（以 5MPa 为 1 个等级）。
　　3. 如建筑物投入运行前龄期大于 90d，可用 90d 强度作为设计等级强度。
　　4. 如 σ 和流速不一致时，按等级偏高一级确定。
　　5. 不小于 C40 的混凝土必须同时掺高效减水剂和硅粉。

当水流中冲磨介质以推移质为主时，应根据推移质粒径、流速等进行研究，并选择抗磨蚀混凝土或其他抗磨蚀材料如钢板、复合钢板、钢轨、条石、铸石板等。

5.4.3.3 配制强度计算方法

抗磨蚀混凝土配合比配制强度计算按式（5-5）进行计算：

$$f_{cu,0} = f_{cu,k} + 1.28\sigma_c \qquad (5-5)$$

式中　$f_{cu,0}$——混凝土施工配制强度，MPa；

　　　$f_{cu,k}$——设计要求强度值，MPa；

　　　σ_c——混凝土强度标准差，MPa。

标准差 σ_c 由混凝土生产过程中质量管理水平确定，应根据施工单位的历史统计资料计算得出，无历史统计资料时，对 C35～C50 抗磨蚀混凝土可取 σ_c=5MPa，对 C55～C60 抗磨蚀混凝土，配制强度取值应不低于设计强度等级的 1.15 倍；对大于 C60 抗磨蚀混凝土，配制强度取值应不低于设计强度等级的 1.12 倍。

抗磨蚀混凝土的配合比设计，除应满足强度要求外，还应进行抗磨蚀性能优化试验。

5.4.3.4 抗磨蚀混凝土水胶比

抗磨蚀混凝土水胶比不应大于 0.40。

5.4.3.5 抗磨蚀混凝土中掺合料的使用

配合比试验中应使用粉煤灰、硅粉、磨细矿渣，其最大掺量不应超过表 5-19 的规定。C50 以上混凝土宜选用 Ⅰ 级粉煤灰，也可以选用需水量比不大于 100%、细度不大于 15%、烧失量小于 3% 的 Ⅱ 级粉煤灰。

掺有硅粉的抗磨蚀混凝土，应同时掺入补偿早期收缩的膨胀剂或减缩剂。

5.4.3.6 抗磨蚀混凝土的流动性

抗磨蚀混凝土拌和物的流动性，应根据混凝土运输、浇筑方法和气候条件决定，可按照《水工混凝土施工规范》（DL/T 5144—2001）的有关规定采用较小的坍落度。

表 5 - 19 活性掺合料最大掺量表

活性掺合料	占胶凝材料总质量/%
粉煤灰	25
磨细矿渣	50
硅粉	10
粉煤灰＋磨细矿渣＋硅粉	50
粉煤灰＋硅粉	35

5.4.3.7 粗骨料级配及砂率

抗磨蚀混凝土粗骨料级配及砂率，应在满足混凝土施工和易性要求的前提下，选取密实度较大的粗骨料级配和最佳砂率。

5.4.4 施工

5.4.4.1 无机材料抗磨蚀混凝土施工

（1）抗磨蚀混凝土施工应符合《水工混凝土施工规范》（DL/T 5144—2001）的有关规定。

（2）抗磨蚀混凝土应与相邻基底普通混凝土同时浇筑和振捣，以保证相互间的充分结合，但应采取避免相互混杂的工艺措施，抗磨层厚度不应小于 20cm。如分期施工，层间相隔时间不应大于 7d，并应按施工缝处理，在两层混凝土之间埋插筋。此时抗磨层厚度：底板不应小于 30cm，侧墙不应小于 50cm。

（3）抗磨蚀混凝土投料顺序控制与普通混凝土相同，硅粉或其他粉状外加剂、掺合料与水泥同时加入。拌和时间应较普通混凝土延长 30～60s，掺钢纤维抗磨蚀混凝土应延长 60～120s。

（4）掺硅粉混凝土拌和及输送设备应及时清洗。

（5）抗磨蚀混凝土宜在低温季节浇筑。根据混凝土浇筑时的气温，严格控制混凝土入仓温度，应加强振捣，掌握好抹面时间，抹面后应及时保温保湿，防止开裂。

（6）模板必须有足够的强度和刚度。木模拆模时间应较普通混凝土延长 5～7d，模板材料要求见表 5 - 20。

表 5 - 20 模 板 材 料 要 求 表

水流空化系数 σ	木 模	钢 模
＞1.50	普通木板	一般钢模
1.50～0.60	表面光滑平整的木板	表面平整的钢模板，可采用拉模浇筑
0.60～0.30	表面光滑平整的木板或胶合板	表面平整的钢模板拉模浇筑，可采用钢衬
0.30～0.10	对平面可采用胶合板，对扭曲面可用无节疤或其他缺陷并能弯曲成扭曲面的胶合板，对显著扭曲部位，应采用容易连续弯曲的材料，如硬质纤维板、薄胶合板等	平面可采用表面平整的钢模板和钢衬

5.4.4.2 无机材料抗磨蚀混凝土的其他施工方法

（1）真空作业。

（2）滑模施工。

（3）预缩（二次振捣）混凝土（砂浆）的施工。为避免混凝土（砂浆）在终凝前浆体收缩产生早期裂缝，对混凝土在其终凝前进行振捣或再进行一次振捣，称为预缩（二次振捣）混凝土。预缩混凝土一般为干硬性混凝土，配制的坍落度为零。混凝土二次振捣时间，由室内试验确定，一般为 40～60min。预缩砂浆水胶比为 0.25～0.27；灰砂比为 1:2。砂浆稠度以手握成团，手感潮湿而不析水为度。拌好后，一般存放 0.5～1.5h。施工时在打毛冲净混凝土表面涂刷水灰比为 0.4～0.5、厚度约为 1mm 的水泥净浆，然后分层填铺砂浆，用平板振捣器振实或用木锤击实至表面出现少量浆液，再用抹光机抹平，最后人工将表面抹光。终凝后养护不少于 14d。预缩砂浆施工简便经济，效果良好，已在葛洲坝、三峡水利枢纽等工程中应用。

（4）喷射高强水泥硅粉砂浆。三门峡二期改建的泄流排沙底孔边墙采取喷射高强水泥硅粉砂浆作为抗冲磨护面，采取了"水泥裹砂潮喷法"施工。施工配合比采用普通硅酸盐 42.5 水泥、中粗砂、高效减水剂和硅粉。抽样检查 10 个底孔砂浆的平均抗压强度为 55MPa，最高抗压强度 73MPa，超过了设计要求的 50MPa。喷射砂浆与高混凝土黏结牢固，其拉拔强度在 2MPa 以上。经 10～15 个汛期 1000h 过水后的检查情况表明，过流面腐蚀甚微，无脱落和空蚀现象。如 2001 年 5 号底孔的检查，经 14 个汛期 9023h 过水，底孔的边墙大面积磨损约 5mm 左右。

5.4.4.3 有机材料树脂类抗磨蚀砂浆（混凝土）施工

（1）环氧砂浆。环氧砂浆具有很高的耐冲磨和抗空蚀能力。室内试验和工程实践表明：环氧砂浆比钢铁材料及混凝土材料抗悬移质泥沙冲磨能力高 5～20 倍。如 NE 型环氧砂浆，其 28d 抗压强度高达 110MPa，抗磨强度 7.6h/kg/m^2，且低毒、无污染、可常温施工、无需加温热抹。应用于小浪底水利枢纽排沙洞、孔板洞等部位共计 16000m^2。

抗推移质的环氧砂浆（混凝土）不仅强度高，还具有较好的韧性和较好的抗冲磨性能。当采用亲水性固化剂时还可用于潮湿面甚至水下施工。环氧砂浆类材料成本高，固化剂有一定毒性。环氧砂浆和混凝土两种材料的线膨胀系数不一致，在阳光和气温的变化作用下，易于造成在界面处开裂、脱空，且这一现象随时间的推移而发展。环氧树脂在阳光、氧、水分及微生物等作用下，会逐渐老化，不宜大面积尤其是在温度条件变化大的部位使用。

（2）呋喃砂浆。呋喃砂浆的力学性能接近环氧砂浆，呋喃固化剂为酸性，为了不使其与混凝土中的碱发生中和反应，一般先在混凝土表面涂抹一层环氧胶液养护 1d，待其固化后再刷一道呋喃胶液，铺设呋喃砂浆。呋喃砂浆（混凝土）施工要求较高，经渔子溪和石棉电站现场试验，20cm 厚的呋喃混凝土面层经两个汛期便被磨穿，可见呋喃混凝土的抗推移质冲磨强度较低。但呋哺树脂较便宜，成本较低。

（3）不饱和聚酯树脂砂浆。不饱和聚酯树脂砂浆除收缩比较大外，其他力学性能均接近环氧砂浆。施工配料时，必须避免引发剂和促进剂直接接触，否则会引起爆炸，为此在加料时，先将树脂和引发剂拌和均匀后，再加入促进剂进一步拌均匀。施工作业时先刷一层浆液，再填铺砂浆压实抹平后，覆盖塑料薄膜。冬季施工时在塑料薄膜上再覆盖草袋或麻袋，一般养护 20d。不饱和聚酯树脂砂浆和丙烯酸酯——环氧砂浆这两类材料虽然与环氧砂浆的抗冲磨强度相近，但施工复杂，且存在价格高和耐久性差的缺点，不宜大面积使用。

5.4.5 其他抗磨蚀护面材料

5.4.5.1 金属材料

三门峡水利枢纽工程多年的原型观测资料表明，钢铁类的金属材料抵抗悬移质泥沙冲磨能力比较差，不是抗悬移磨损的理想材料。但钢材具有良好的冲击韧性，抗推移质冲磨破坏的能力较好，在石棉、渔子溪电站均取得了较好的效果。过流表面铺设钢板时，必须保证钢板牢固地锚固于混凝土中，否则一旦出现冲沟，极易造成钢板大面积掀揭，失去衬护作用。在受推移质冲磨严重而难于维修的部位，可选用钢板或钢轨嵌铸石砖、钢轨嵌高强混凝土等复合材料作为护面材料。由于其造价较贵、施工条件要求较高，在选用时要综合考虑。

5.4.5.2 铸石板

铸石板是指辉绿岩、玄武岩及锰硅渣等各种铸石材料生产的贴面板材。铸石材料具有优异的抗磨损、抗腐蚀性能。20 世纪 60 年代三门峡水利枢纽工程现场试验表明：铸石板镶面材料抵抗高速悬移质泥沙冲磨能力和抵抗高速水流空蚀能力最好。但铸石板材料性脆，抗冲击强度低，当水流中挟有粒径较大的石块时，极易被击碎。此外，铸石板材不易镶贴牢固，当粘贴不牢时，高速水流易进入板底空隙，在动水压力作用下，铸石板易被掀掉。三门峡工程试验初期，铸石的磨损量一般都极小，但经过几个汛期的运行后，所贴铸石板陆续被水流冲掉。铸石材料的使用方法还有待进一步研究改进。

5.4.5.3 聚合物水泥混凝土（PPCC）

聚合物水泥混凝土（砂浆）是一种以有机高分子材料代替部分水泥并和水泥共同作为胶凝材料的聚合物混凝土（砂浆），适用于水工建筑物的补强。

（1）聚合物水泥混凝土（砂浆）性能见表 5-21。

表 5-21　　　　　　　　　聚合物水泥混凝土（砂浆）性能表

名　　称	技　术　性　能
新拌混凝土（砂浆）的和易性	较好的和易性
硬化混凝土（砂浆）的力学性能	抗拉、抗弯强度有较大的增加，黏结强度大大提高，但抗压强度增加不太明显
弹性模量和变形	弹性模量降低，变形性能大大提高，但聚合物的加入对泊松比影响不大
徐变和热膨胀系数	徐变小，热膨胀系数较普通混凝土（砂浆）相当或略低，但耐热性能有较大提高
抗冻融、抗渗、抗冲磨和耐腐蚀性能	抗冻融性能和抗渗性及抗冲磨性有较大的提高，耐腐蚀性能较普通混凝土亦有一定程度的提高

（2）原材料及配合比。

1）原材料。聚合物胶乳水泥混凝土的组成材料除水泥、砂、石、水以外，主要的为聚合物胶乳及其他助剂，如稳定剂、消泡剂等。

2）配合比。聚合物水泥混凝土配合比一般选择的范围为：聚灰比 5%～15%，水灰比 0.30～0.50，用作修补的聚合物水泥混凝土配合比如表 5-22 所示，而不同使用条件下其配合比亦有所不同。

表 5-22 聚合物水泥配合比表 单位：kg

硅酸盐水泥	粗、细骨料	聚合物乳液 （含固量 50%）	聚合物乳液 中的固形物	总水量
94	300	29～38	14～19	4～25

注 引自 ACI 建议的聚合物胶乳水泥混凝土配合比。

（3）施工：①一般是先将乳胶（必要时加入其他助剂）和水混合均匀，再倒入事先混合好的水泥、砂、石中拌和均匀即可；②聚合物水泥混凝土（砂浆）搅拌时间及搅拌机速度应加控制，通常在 1h 内完成搅拌料的施工，往复抹面 2～3 次即可。施工结束后，设备要彻底清洗；③聚合物水泥混凝土（砂浆）的施工温度一般应控制在 5～30℃为宜，1～7d 为湿养护，以后为干养护。

5.4.5.4 聚脲弹性体

20 世纪 90 年代，美国率先开发出喷涂聚脲弹性体技术，该新型材料具有的优异的抗磨蚀性能、耐老化性能、抗腐蚀及独特的施工性能。自 20 世纪末，国内的专家开始对该技术进行跟踪并积极开展了多方面的应用研究。但目前还处于实验室及小范围试验研究阶段，还未大面积推广使用。

5.4.5.5 组合材料

钢轨缝嵌铸石砖、钢轨缝嵌高强混凝土或条石，都是抗冲磨较为理想的材料，后者抗推移及大卵石的能力稍差。